主编简介

陆一鸣

上海大学医学院研究员，博士生导师，同济大学附属第十人民医院 PI，中国药学会生化与生物技术药物专业委员会委员，上海市药学会海洋药物专业委员会委员，上海市药学会生化与技术药物专业委员会委员。主要研究方向：抗炎免疫 / 抗肿瘤多肽类药物的研究与开发；海洋生物功能分子的发现及创新药物的研究开发；药物新靶标的发现与确证。主持国家自然科学基金 5 项，“重大新药创制”国家科技重大专项 2 项、国家重点研究计划 1 项、上海市科委等各类科研项目 15 项。近 5 年发表 SCI 论文 23 篇，副主编、参编著作 7 部，获国家发明专利 10 项（PCT 2 项）并转让。利用生物分子展示技术，建立了药用海洋生物青环海蛇活性分子的高效、高通量、精准发现平台，且成功获得了一种 1 类创新药物，并已进入临床试验。

许维恒

中国人民解放军海军军医大学药学系副教授，A 级教员，全军优博，入选上海市青年科技英才扬帆计划和卫健委人才计划“卫生健康青年人才”，担任上海市药学会生化与生物技术药物专业委员会委员和中国药理学会抗炎免疫药理专业委员会青年委员。主要研究方向为抗炎免疫药理，在抗肝纤维化药物的发现及靶点研究方面具有丰富经验，主持国家自然科学基金地区联合重点项目、国家自然科学基金、上海市自然科学基金等国家及省部级课题 7 项，在 *Hepatology*、*Pharmacol Res*、*J Infect Dis* 等期刊发表 SCI 论著 30 余篇，申请发明专利 4 项。

生物分子展示技术：基础与应用

陆一鸣　许维恒　主编

科学出版社
北京

内 容 简 介

生物分子展示技术是利用基因重组的方法将一定长度的核苷酸序列克隆到特定表达载体中，使表达产物以融合蛋白的形式展示在噬菌体或细胞表面，或在非细胞体系中通过某种机制实现基因型和表现型的连接，是一种广泛应用于多肽、蛋白质及药物筛选和研究蛋白质-蛋白质相互作用、蛋白质-DNA 相互作用等的生物学技术。本书系统介绍了包括噬菌体展示技术、细菌表面展示技术、酵母细胞表面展示技术、哺乳动物细胞表面展示技术、核糖体展示技术、mRNA 展示技术及 DNA 展示技术在内的七种展示技术的基本原理、技术方法、应用及展望（发展前景）等，可帮助读者系统学习有关分子展示技术的基础知识，了解相关领域研究进展。

本书可供药学、生物技术等专业高校师生及从事基础研究和生物药物研发相关人员参考使用。

图书在版编目(CIP)数据

生物分子展示技术：基础与应用 / 陆一鸣，许维恒主编. —北京：科学出版社，2022. 11
ISBN 978-7-03-073568-3

Ⅰ. ①生… Ⅱ. ①陆… ②许… Ⅲ. ①分子生物学—检测—研究 Ⅳ. ①Q7

中国版本图书馆 CIP 数据核字(2022)第 196305 号

责任编辑：周 倩 马晓琳/责任校对：谭宏宇
责任印制：黄晓鸣/封面设计：殷 靓

科学出版社 出版
北京东黄城根北街 16 号
邮政编码：100717
http：//www. sciencep. com
南京文脉图文设计制作有限公司排版
广东虎彩云印刷有限公司印刷
科学出版社发行 各地新华书店经销

*

2022 年 11 月第 一 版 开本：B5(720×1000)
2023 年 10 月第二次印刷 印张：9 插页：1
字数：150 000

定价：80.00 元

（如有印装质量问题，我社负责调换）

《生物分子展示技术:基础与应用》编委会

主　编　陆一鸣　许维恒

副主编　李　安　王俊杰

编　委　（以姓氏笔画为序）

王河林　上海大学

王俊杰　同济大学附属第十人民医院

王硕存　上海大学

叶瑞威　上海大学

许维恒　中国人民解放军海军军医大学

孙　阔　中国人民解放军海军军医大学

李　安　中国人民解放军海军军医大学

陆一鸣　上海大学

夏柳圆　中国人民解放军海军军医大学

解方园　中国人民解放军海军军医大学第三附属医院

前言 Preface

生物分子展示技术是利用基因重组的技术和方法将一定长度的核苷酸序列克隆到特定表达载体中,使其表达产物以融合蛋白的形式展示在活的噬菌体或细胞表面,或在非细胞体系中通过某种机制实现基因型和表现型的连接,是一种广泛应用于多肽、蛋白质及药物筛选和研究蛋白质-蛋白质相互作用、蛋白质-DNA 相互作用等的生物学技术。这些技术的诞生与 DNA 结构的解析、基因重组技术的成熟、PCR 方法的问世及蛋白质转录翻译过程的揭示密切相关,是在多种生物学技术基础上发展起来的一项技术。目前,有关生物分子展示技术的资料较少,系统介绍生物分子展示技术的书籍更为匮乏,为此,我们根据药学、生命科学等专业知识背景,组织编写了《生物分子展示技术:基础与应用》。本书系统介绍了包括噬菌体展示技术、细菌表面展示技术、酵母细胞表面展示技术、哺乳动物细胞表面展示技术、核糖体展示技术、mRNA 展示技术及 DNA 展示技术在内的 7 种展示技术的基本原理、技术方法、应用及展望(发展前景)等,使读者可以系统学习有关生物分子展示技术的基础知识,了解相关领域的研究进展。

步入 21 世纪,生物药物发展迅猛,尤其以多肽类药物及抗体药物最为突出,逐步成为药物研发的重点和热点。而生物分子展示技术在展示多肽(蛋白质)或抗体方面具有天然优势,因此,其在生物药物研发中扮演的角色越来越重要。生物分子展示技术的应用使药物筛选摆脱了"点对点"式的低效筛选方式,变成"点对库"甚至"库对库"的筛选方式,极大提高了筛选效率,加快了药物研发的速度。不仅如此，生物分子展示技术还可以进行多肽或抗体分子的亲和力筛选，为高亲和力分子的获取提供强有力的工具。目前，已有多种生物分子展示技术成功应用于医药产业开发，并取得巨大进展。例如，应用噬菌体展示技术研制抗体药物，不仅实现了抗体全人源化，还大大加快了研发速率，抗体药物如阿达木单抗、贝利木单抗、雷珠单抗等均是利用噬菌体展示技术研制成功的案例。此外，生物活性大分子之间的相互作用，尤其是蛋白质-蛋白质相互作用在生命活动中起着关键作用，利用分子展示技术研究生物活性大分子之间的相互作用对于揭示生命现象具有重要意义。

生物分子展示技术是一项随着生物技术进步而不断改进和优化的技术，新概念、新理论、新方法及新发现不断涌现，在多个领域的应用中取得突破性进展。但是，有些生物分子展示技术的诞生时间较短，相关文献和报道不多，本书在编写过程中难免会有不妥之处，敬请广大科研工作者和读者批评指正，以便今后进一步完善。本书为上海高水平地方高校建设计划“2022 年度上海大学一流研究生教育培养质量提升项目”成果，在此对上海大学的支持表示感谢。

陆一鸣

2022 年 8 月

目录

Contents

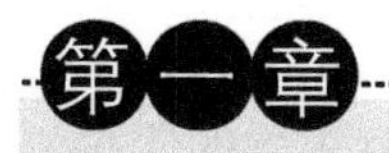

绪　论

一、生物分子展示技术概述

生物分子展示技术(biomolecular display technologies)是利用基因工程的技术和方法将一定长度的核苷酸片段克隆到特定表达载体中,使表达产物(多肽片段或蛋白质)展示在噬菌体或细胞表面的一项技术,通过筛选能够获得与特定配体结合的多肽或蛋白质分子。生物分子展示技术所涵盖的内容非常广泛,既涉及生命体物质基础——核酸、蛋白质、酶等生物分子的结构、组成及相互作用的基础研究,又包含多肽、抗体、疫苗等生物制剂的开发研究,是一项应用广泛、实用性强的分子技术。

生物分子展示技术将基因型和蛋白质表型联系在一起,能够利用特异性配基从蛋白质展示文库中筛选出目标蛋白和相应基因序列,是一种强有力的蛋白质筛选工具。生物分子展示技术分为体内展示技术和体外展示技术两类,既包含细胞表面展示系统,又包含非细胞展示系统,既存在真核细胞展示系统,又具有原核细胞展示系统。其中,体内展示技术包括噬菌体表面展示技术、细菌表面展示技术、哺乳动物细胞表面展示技术和酵母细胞表面展示技术;体外展示技术包括核糖体展示技术、mRNA 展示技术及 DNA 展示技术。体内展示技术依赖于细胞表达系统,受到转化效率的影响,库容量往往不高;宿主细胞的生长可能受到表达分子的毒性影响,表达文库的多样性降低;此外,进行抗体分子结构和功能进化研究时,基因突变和表型筛选之间的转化步骤十分烦琐。这些固有缺陷极大地阻碍了体内展示技术的应用,但同时也促进了体外展示技术的出现。体外展示技术不依赖细胞体系,不受克隆和转化效率的影响,库容量大,更有利于进行分子进化和亲和力成熟研究,弥补了体内展示技术的诸多不足。

随着生物分子展示技术的成熟,其在生命科学及医药研究领域的应用越来越广泛。一方面,该技术能够帮助阐明生物大分子的作用规律、解析特有的生命现象;另一方面,该技术也能够为药物研发提供强有力的工具,极大地缩短抗体、多肽等生物药物的研发周期。

二、生物分子展示技术的发展

1953 年,Francis Crick 和 James D. Watson 发现了 DNA 双螺旋的结构,开启了分子生物学时代。分子生物学使生物大分子的研究进入一个新的阶段,使遗传的研究深入分子层次,"生命之谜"被打开,人们清楚地了解遗传信息的构成和传递的途径。

1955 年,英国生物化学专家 Frederick Sanger 将胰岛素的氨基酸序列完整地定序出来并推导出完整的胰岛素结构,完成了世界上第一个蛋白质(胰岛素)的一级结构测定,揭示了胰岛素的化学结构,并因此荣获 1958 年的诺贝尔化学奖。

1973 年,Herbert Boyer 和 Stanley Cohen 经过一年的合作研究,获得了第一个重组 DNA 分子,宣告重组 DNA 技术的诞生和基因工程时代的到来。

1983 年,美国 Mullis 首先提出设想并于 1985 年发明了聚合酶链反应,即简易 DNA 扩增法,意味着 PCR 技术的真正诞生。

DNA 双螺旋结构的阐明、胰岛素一级结构的解析、DNA 重组技术和 PCR 方法的问世,这些具有里程碑意义的重大发现为生物分子展示技术的诞生和发展奠定了基础。

1985 年,George P. Smith 第一次在丝状噬菌体 pⅢ衣壳蛋白 N 端成功展示了重组肽,为该领域的研究奠定了基础。

1986 年,Jean Claude Boulain 等成功将外源基因插入细菌外膜蛋白编码基因 *LamB* 中,并在细菌表面展示出来,这是首次有文献报道的细菌表面展示技术。

1990 年,Jamie Scott 和 George P. Smith 将编码短肽的随机基因片段与丝状噬菌体表面蛋白 *p*Ⅲ基因相融合,通过一系列转染流程后将短肽表达在噬菌体表面,首次建立了噬菌体随机肽库。

1993 年,Maarten P. Schreuder 等成功将 α-半乳糖苷酶与酵母菌 α-凝集

素(α-agglutinin)的C端融合表达在酵母细胞表面,为酵母细胞表面展示技术奠定基础。

1994年,Larry C. Mattheakis等首次应用多聚核糖体展示技术建立了多肽库,并应用该技术完成了亲和筛选。

1997年,Andreas Pluckthun等在多聚核糖体展示技术的基础上,建立了核糖体展示技术,将正确折叠的蛋白质及其mRNA同时结合在核糖体上,形成mRNA-核糖体-蛋白质三聚体,使目的蛋白的基因型和表型联系起来。

1997年,K. Dane Wittrup等成功将抗荧光素抗体的单链Fv(scFv)片段和c-Myc表位标签展示在酵母菌表面,并利用构建的酵母展示文库进行了亲和筛选,该研究首次提出酵母表面展示的概念。

1997年,Hiroshi Yanagawa和Richard W. Roberts等相继报道利用嘌呤霉素将mRNA和编码蛋白共价结合形成mRNA-蛋白质复合物,这是最早有关mRNA展示技术的报道。

1998年,Dan S. Tawfik等为了筛选具有特定催化功能的酶蛋白,利用DNA模板与催化底物之间的连接,借助于人工细胞建立了一种以DNA作为筛选对象的文库分析技术,该技术对于DNA展示技术的应用至关重要。

1999年,Hiroshi Yanagawa等利用链霉亲和素和生物素之间的特异性亲和关系,建立了以模板DNA作为展示对象的链霉亲和素-生物素连接(STABLE)技术。

2000年,Kevin FitzGerald将一种具有顺式活性的蛋白P2A作为连接DNA和蛋白质的媒介,实现了新生蛋白质同其编码DNA的结合。

2002年,Gregory P. Winter利用噬菌体展示技术研发的第一个完全人源单克隆抗体(以下简称单抗)药物——阿达木单抗通过美国食品药品监督管理局(Food and Drug Administration, FDA)的批准用于类风湿性关节炎的治疗。

2004年,Odegrip等利用另一种具有顺式活性的蛋白RepA建立了顺式展示技术(*cis*-display),同样实现了DNA和蛋白质的偶联。

2004年,Julian Bertschinger等利用Hae Ⅲ DNA甲基转移酶可与DNA末端5-氟脱氧胞苷碱基形成共价结合的原理,实现了DNA和编码多肽之间的共价连接。

2007年,Florian Hollfelder等利用SNAP-标签(O^6-烷基鸟嘌呤-DNA烷基转移酶,AGT)同AGT底物类似物BG(O^6-苄基鸟嘌呤)的共价结合实现了

DNA 模板和编码蛋白的连接。

2008 年,Roger R. Beerli 等利用 Sindbis 病毒表达系统建立了哺乳动物细胞表面展示抗体库,并利用该展示文库顺利完成多个抗体的筛选,标志着哺乳动物细胞表面展示技术的建立。

2018 年,George P. Smith 和 Gregory P. Winter 因在噬菌体展示领域的开创性工作获得了诺贝尔化学奖。

三、生物分子展示技术与生物医药

2003 年人类基因组计划顺利完成,揭开了组成人体 2.5 万个基因的 30 亿个碱基对的秘密,这一人类科学史上的伟大工程,被誉为生命科学的登月计划。但是,基因组学的破译并不意味着人类遗传信息的完全解读,也难以解释各种生命现象,庞大的基因信息所编码的蛋白质才是细胞活性及功能的最终执行者。因此,对核酸、蛋白质等生物大分子功能和相互作用的研究成为后基因组时代的研究主流。

生物分子展示技术作为一种多肽和蛋白质配体发现的重要工具,将基因型和表型联系在一起,在基因和蛋白质的结构与功能研究方面有着不可替代的作用。此外,随着生物医药的快速发展,分子展示技术的研究和应用越来越广泛,尤其在生物药的研发方面取得重大进展,已经成为药物研发的强有力工具。

(一) 生物分子相互作用的鉴定

生物大分子核酸-蛋白质相互作用及蛋白质-蛋白质相互作用是生命过程中的必然事件,阐明这类大分子之间的相互作用对于揭示细胞的生命现象具有重要意义。生物分子展示技术是将多肽或蛋白质展示在噬菌体或细胞表面,为研究生物大分子相互作用提供便利。例如,James W. Coulton 等利用噬菌体展示技术鉴定细菌膜转运蛋白 TonB 和 BtuF 之间的相互作用,确定了两种蛋白质潜在的结合残基;Philip W. Hammond 等利用人体肝、肾、骨髓和脑的混合 cDNA 文库构建了 mRNA 展示文库,利用 mRNA 展示技术筛选获得 70 多种不同的 Bcl-xL 相互作用蛋白,其中包含已知的 Bcl-xL 相互作用蛋白 Bim、Bax 和 Bak 等。此外,Hiroshi Yanagawa 等还利用分子展示技术对核酸与蛋白质之间的相互作用进行了研究。利用小鼠脑 cDNA 文库构建 mRNA 展示文库,将 TPA(12-*O*-十四烷酰佛波醋酸酯-13, 12-*O*-teradecanoylphorbol-13-

acetate)反应元件作为诱饵 DNA，通过 mRNA 展示技术筛选 TPA 反应元件相互作用蛋白，结果表明，c-fos 和 c-jun 可以形成异源二聚体并同 TPA 反应元件以序列特异性的方式相互作用。此外，几乎所有的 AP-1 家族蛋白，包括 c-jun、c-fos、junD、junB、atf2 及 b-atf 等，在经过 TPA 反应元件固相载体筛选后均得到富集，提示这些蛋白质可能均与 TPA 反应元件存在相互作用。

（二）药物靶点的筛选

药物靶点是指药物在体内的作用结合位点，包括受体、酶、离子通道、转运体和核酸等生物大分子。现代新药研究的关键是药物靶点的发现，而活性分子作用靶点的分离和鉴定则是药物研究的重点和难点。随着生物分子展示技术逐步成熟，其在药物靶点筛选方面的应用也逐渐增多。例如，多柔比星作为广谱抑癌化疗药物具有广泛的抗肿瘤活性，但早期因研究手段的限制，其具体作用靶点及机制并不明确，Youngnam Jin 等将多柔比星与人类肝脏 cDNA 噬菌体文库共孵育，成功筛选得到多柔比星靶点蛋白 hNopp140。Michael McPherson 等利用人肝、肾和骨髓转录本构建了 mRNA 展示文库，并与固相化 FK506 共孵育，成功确证 FKBP12 为 FK506 的最主要结合蛋白。以上研究表明，分子展示技术可以用于筛选特定活性分子的结合靶点，对于药物靶点的发现具有重要意义。

（三）抗体药物研发

抗体药物是医药研究领域的重要组成部分，是生物制药市场占主导地位的产品类别，2020 年全球十大畅销药物排行榜中抗体药物超过半数。目前，抗体药物已经成为药物研究领域的重点和热点，而生物分子展示技术作为抗体药物研发的重要工具，其发挥的作用愈发重要。噬菌体展示技术无论是作为抗体发现的源头技术，还是作为抗体工程中抗体特性改造时的筛选工具，均有着传统技术不可替代的优势。目前，已有多种抗体药物利用该技术成功上市，包括阿达木单抗、贝利木单抗、雷珠单抗和艾卡拉肽(ecallantide)等，其中 Gregory P. Winter 利用噬菌体展示技术将鼠源抗体药物人源化，诞生了阿达木单抗，并因此与 George P. Smith 一起获得诺贝尔化学奖。除了噬菌体展示技术之外，细菌表面展示技术、核糖体展示技术、mRNA 展示技术及 DNA 展示技术均能够用于抗体药物的研发。这些生物分子展示技术不仅能够进行抗体筛选,还可以进行抗体亲和力优化,缩短抗体药物的研发周期。例如,Hiroshi Yanagawa 等通过错配 PCR 和 DNA 改组技术对抗荧光素抗体片段 scFv 片段进行随机突变,然后利用 mRNA 展示技术对 scFv 突变体库进行筛选,最终获得 6 个不同的亲和力成熟突变体序列,其中 5 个存在共有突变。虽然这些突变体的抗原特异性未发生明显改变,但解离速率却下降为原来的 1/10,解离常数提高了 30 倍。总而言之,利用生物分子展示技术对抗体进行筛选和优化能有效缩短抗体药物研发周期,可能成为未来抗体药物研发的主要手段之一。

(四) 多肽药物研发

多肽药物(5~50 个氨基酸)具有生物活性强、用药剂量小、毒副作用低、疗效显著等突出特点,可以与体内蛋白质选择性地相互作用,起到配体、抑制剂、底物、抗原、表位模拟等作用,具有疾病治疗和药物开发的潜力。目前,多肽药物已经是生物药物的重要组成部分,也是近年来药物研究的热点之一。筛选可与特定靶点结合的多肽是生物分子展示技术最基本的用途。例如,酸性成纤维细胞生长因子(acid fibroblast growth factor, aFGF)与其受体相互作用是乳腺癌治疗的重要靶点,Zheng Qing 等利用噬菌体展示技术从七肽库中鉴定获得一种特异性 aFGF 结合肽 AP8,该多肽能够抑制 aFGF 与受体结合,可能成为有前景的乳腺癌治疗药物。Lu Yiming 等利用 T7 噬菌体展示系统构建了药用海洋生物——青环海蛇的毒腺噬菌体展示文库,以 hTNFR1 为靶标,获得了 10 个氨基酸的多肽 Hydrostatin-SN10。Hydrostatin-SN10 能够专一性结合 hTNFR1,并选择性拮抗肿瘤坏死因子(tumor necrosis factor, TNF)与其受体(TNFR1)的相互作用,对类风湿性关节炎和炎症性肠病动物模型治疗效果显著,有望开发成为针对这类自身免疫病的多肽类新药。此外,Hiroshi Yanagawa 等将血管紧张素Ⅱ(angiotensin Ⅱ, Ang Ⅱ)1 型受体(hAT_1R)表达在 CHO-K1 细胞表面作为诱饵,利用 DNA 展示技术进行多肽配体的筛选,结果发现 Ang Ⅱ富集水平远远超过其他成分,从而证实了 DNA 展示技术在多肽筛选方面的可行性。随后,Hiroshi Yanagawa 等利用该方法从随机肽库中富集得到一些不同的 Ang Ⅱ样多肽,这些多肽可开发成为相关多肽药物。

(五) 疫苗研发

面对各种可能暴发的传染性疾病和未知的病原体,疫苗仍然是对抗传染

病最重要和最安全的方法。随着生物分子展示技术的日益成熟,其在疫苗研制过程中的作用越来越重要。噬菌体展示技术作为最成功的展示技术之一,除了用于药物研发外,还可以用来鉴定病原体的抗原表位,甚至可以将筛选出的表位制备为亚单位疫苗使用。例如,狂犬病病毒糖蛋白和核蛋白对于增强宿主的保护性免疫力是必不可少的,Yang 等用免疫犬的抗狂犬病病毒 IgG 抗体作为靶标,在噬菌体展示肽库中筛选模拟糖蛋白和核蛋白表位的肽段,结果表明,RYDDW-T 基序可能是一个新的表位区。此外,细菌表面展示技术同样可以用于疫苗研发。将病毒/病原菌的保护性抗原展示在一些无毒或弱毒菌株的表面,这些重组菌可以直接作为活菌疫苗使动物或人体获得免疫,从而达到预防疾病的目的。相比于传统的亚单位疫苗,活菌表面展示疫苗制备简单,抗原无须经过细胞内提取和体外纯化、复性等复杂的过程,还可保护外源抗原在递送过程中免于被降解。细菌本身能发挥佐剂的功能,促进抗原呈递细胞对外源抗原的摄取,单次免疫后也会产生持久的免疫效果。

主要参考文献

BEERLI R R, BAUER M, BUSER R B, et al. Isolation of human monoclonal antibodies by mammalian cell display. Proc Natl Acad Sci U S A, 2008, 105(38): 14336-14341.

BERTSCHINGER J, GRABULOVSKI D, NERI D. Selection of single domain binding proteins by covalent DNA display. Protein Eng Des Sel, 2007, 20(2): 57-68.

BERTSCHINGER J, NERI D. Covalent DNA display as a novel tool for directed evolution of proteins *in vitro*. Protein Eng Des Sel, 2004, 17(9): 699-707.

BODER E T, WITTRUP K D. Yeast surface display for screening combinatorial polypeptide libraries. Nat Biotechnol, 1997, 15: 5537.

BOULAIN J C, CHARBIT A, HOFNUNG M. Mutagenesis by random linker insertion into the lamB gene of *Escherichia coli* K12. Mol Gen Genet, 1986, 205(2): 339-348.

FITZGERALD K. *In vitro* display technologies — new tools for drug discovery. Drug Discov Today, 2000, 5(6): 253-258.

HANES J, PLÜCKTHUN A. *In vitro* selection and evolution of functional proteins by using ribosome display. Proc Natl Acad Sci U S A, 1997, 94(10): 4937-4942.

KALTENBACH M, STEIN V, HOLLFELDER F. SNAP dendrimers: multivalent protein display on dendrimer-like DNA for directed evolution. Chembiochem, 2011, 12(14): 2208-2216.

MATTHEAKIS L C, BHATT R R, DOWER W J. An *in vitro* polysome display system for identifying ligands from very large peptide libraries. Proc Natl Acad Sci U S A. 1994,

91(19): 9022-9026.

NEMOTO N, MIYAMOTO-SATO E, HUSIMI Y, et al. *In vitro* virus: bonding of mRNA bearing puromycin at the 3′-terminal end to the C-terminal end of its encoded protein on the ribosome *in vitro*. FEBS Lett, 1997, 414(2): 405-408.

ODEGRIP R, COOMBER D, ELDRIDGE B, et al. *Cis* display: *in vitro* selection of peptides from libraries of protein-DNA complexes. Proc Natl Acad Sci U S A, 2004, 101(9): 2806-2810.

REIERSEN H, LOBERSLI I, LOSET G A, et al. Covalent antibody display — an *in vitro* antibody-DNA library selection system. Nucleic Acids Res, 2005, 33(1): e10.

ROBERTS R W, SZOSTAK J W. RNA-peptide fusions for the *in vitro* selection of peptides and proteins. Proc Natl Acad Sci U S A, 1997, 94(23): 12297-12302.

SCOTT J K, SMITH G P. Searching for peptide ligands with an epitope library. Science, 1990, 249(4967): 386-390.

SMITH G P. Filamentous fusion phage: novel expression vectors that display cloned antigens on the virion surface. Science, 1985, 228(4705): 1315-1317.

STEIN V, SIELAFF I, JOHNSSON K, et al. A covalent chemical genotype-phenotype linkage for *in vitro* protein evolution. Chembiochem, 2007, 8(18): 2191-2204.

TAWFIK D S, GRIFITHS A D. Man-made cell-like compartments for molecular evolution. Nat Biotechnol, 1998, 16: 652-656.

ZHANG J, ZHANG X, LIU Q, et al. Mammalian cell display for rapid screening Sc Fv antibody therapy. Acta Biochim Biophys Sin, 2014, 46(10): 859-866.

ZHOU C, JACOBSEN F W, CAI L, et al. Development of a novel mammalian cell surface antibody display platform. Mabs, 2010, 2(5): 508-518.

ZHOU Y, CHEN Z R, LI C Z, et al. A novel strategy for rapid construction of libraries of full-length antibodies highly expressedon mammalian cell surfaces. Acta Biochim Biophys Sin, 2010, 42(8): 575-584.

噬菌体展示技术

一、概述

噬菌体(phage)是一类感染细菌的病毒,部分能引起宿主菌的裂解,故被称为噬菌体。它们的病毒颗粒结构简单而坚固,可以在微生物培养基中进行大规模培养,实验室操作方便且成本低,因此,噬菌体已成为生命科学研究的重要工具。近年来,一项噬菌体相关的新兴技术越来越受到关注,它就是噬菌体展示技术(phage display technique)。

噬菌体展示技术是一种在噬菌体颗粒表面表达外源性多肽(蛋白质)的技术,用于筛选和鉴定多种分子靶点的特异性配体。噬菌体展示技术最初是以丝状噬菌体作为表达载体,然而,后来基于这项技术的创新如雨后春笋般涌现,为探索蛋白质、多肽和小分子配体之间的相互作用提供了一种非常有效的通用工具。如今,噬菌体展示已发展成为一种强大的技术,被广泛应用于药物发现(包括多肽药物和抗体药物)、抗原表位定位、蛋白质-蛋白质(多肽)和蛋白质-小分子相互作用的鉴定等许多不同领域。噬菌体展示技术作为一种简单有效的组合生物学方法,其强大之处在于:不仅可以在噬菌体颗粒表面呈现多样化的蛋白质和多肽文库,还能在同一噬菌体克隆的表型(展示肽)和基因型(编码展示肽的 DNA 序列)之间建立物理联系。对于结合靶标分子的阳性克隆,其展示的多肽序列可以完整地从噬菌体颗粒内携带的 DNA 序列上推断出来。

1985 年,George P. Smith 第一次在丝状噬菌体 pⅢ衣壳蛋白 N 端成功展示了重组肽,为分子展示领域的研究奠定了基础。

1988 年,Stephen Parmley 和 George P. Smith 将 β-半乳糖苷酶(β-galactosidase,β-Gal)表达于 M13 噬菌体的表面,证实该蛋白质有生物活性,可

以被特异性抗体识别,并由此提出了通过构建随机肽库以鉴定抗体识别的抗原表位的设想。

1990 年,Jamie Scott 和 George P. Smith 将编码短肽的随机基因片段与丝状噬菌体表面蛋白 *p Ⅲ* 基因相融合,通过一系列转染流程后将短肽表达在噬菌体表面,首次建立了噬菌体随机肽库。

20 世纪 90 年代,Gregory P. Winter 等开始利用噬菌体展示技术研发抗体药物,并将鼠源抗体药物人源化,使得抗体药物能够用于临床治疗。

1990 年,John McCafferty 等通过噬菌体展示构建了库容量为 10^6 的抗体库,用于筛选溶菌酶的单链抗体,使噬菌体展示技术进入一个广泛应用的时代。

2002 年,Gregory P. Winter 等利用噬菌体展示技术获得的第一个全人源单抗药物——阿达木单抗(商品名:HUMIRA),其被 FDA 批准用于治疗类风湿性关节炎,此后,该药物在全球范围内又获批了强直性脊柱炎、银屑病、克罗恩病等多种适应证。

2018 年,George P. Smith 和 Gregory P. Winter 因为在噬菌体展示技术方面的开创性工作分享了诺贝尔化学奖,这也证实了这项技术的重要性。

二、原理

噬菌体展示技术的基本原理是:利用基因重组的方法将编码外源多肽(蛋白质)的 DNA 片段插入噬菌体的基因组中,与噬菌体外壳蛋白的编码基因融合,从而使外源多肽以融合蛋白的形式表达在噬菌体表面,并能够保持相对的空间结构和生物活性。每一个噬菌体克隆表达一种可能与靶标分子发生结合的肽段序列,利用高度多样化的噬菌体克隆群,研究人员能够筛选出对目标靶点具有高亲和力和高特异性的多肽,具体噬菌体展示技术原理见图 2-1。

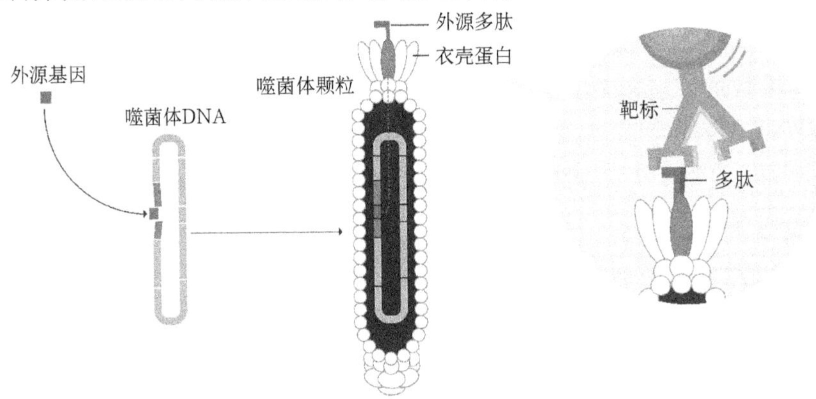

图 2-1 噬菌体展示原理示意图(https://www.nobelprize.org/)

利用噬菌体展示技术进行生物筛选的一般过程类似自然选择。噬菌体展示文库的制备是筛选过程的第一步。在一个文库中,每个噬菌体都具有不同表型——噬菌体颗粒表面随机表达的多肽序列(由基因型编码),受到靶标分子及淘洗过程的选择压力。只有高适配度,即对靶标分子具有较强亲和力的噬菌体才能在大肠杆菌中繁殖扩增,将其基因型(及相关表型)传递给下一代。体外生物筛选时,将噬菌体展示文库与包被有特定靶点的平板或珠子进行孵育,经过一次洗涤后,未结合的噬菌体被洗去,只有结合上去的噬菌体才能保留下来。然后,特异性结合的噬菌体被洗脱,通过感染大肠杆菌而继续扩增,在经历连续的筛选和扩增循环后,特异结合靶标分子的阳性噬菌体就得到了富集。在每一轮筛选过后,测定阳性噬菌体的滴度。经过3~4轮的筛选后,对阳性克隆进行测序,从而获得其展示的重组插入片段所对应的氨基酸序列,并合成多肽,用酶联免疫吸附测定(enzyme-linked immunosorbent assay, ELISA)、流式细胞术或表面等离激元共振(surface plasmon resonance, SPR)等分子间相互作用检测技术对多肽与靶标的特异性结合进行体外验证(图2-2)。

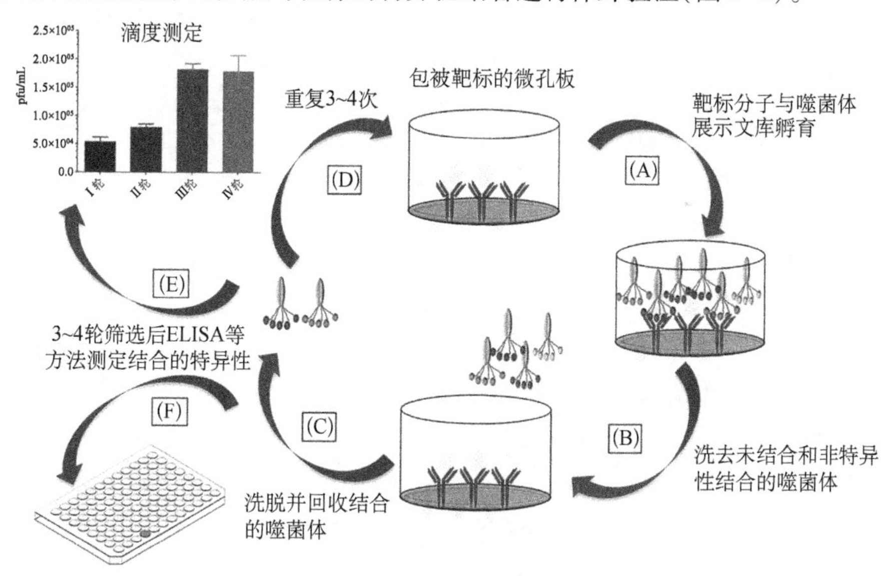

图2-2 噬菌体展示生物筛选的流程示意图(Mimmi et al., 2019)

(A)将靶标分子与噬菌体展示文库进行孵育;(B)洗去未结合和非特异性结合的噬菌体;(C)洗脱并回收结合的噬菌体;(D)洗脱的噬菌体通过再感染大肠杆菌进行扩增;(E)每轮筛选后测定噬菌体滴度,重复3~4轮筛选;(F)最后一轮淘洗得到的噬菌体克隆,通过ELISA等方法检测其与靶标结合的特异性

三、噬菌体展示系统

噬菌体展示系统主要包括单链丝状噬菌体(M13、f1、fd 等)、T7 噬菌体、λ 噬菌体和 T4 噬菌体展示系统(图 2-3)。其中最常用的是 M13 噬菌体展示系统。目前,美国 New England Biolabs 公司和 Novagen 公司已分别开发出以 M13 和 T7 噬菌体为载体的商品化噬菌体展示试剂盒。

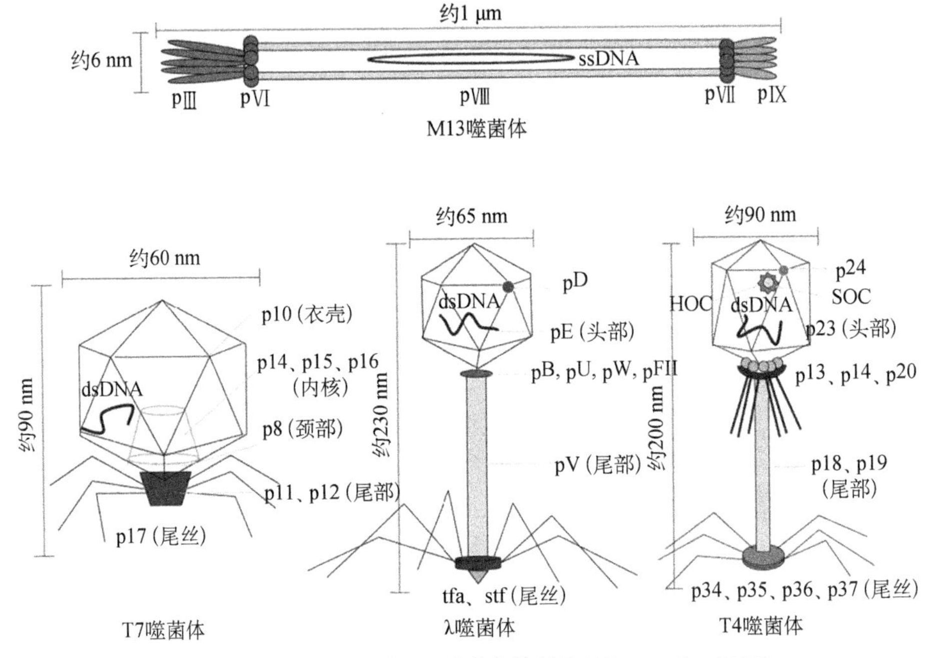

图 2-3 M13、T7、λ 和 T4 噬菌体的结构(Tan et al., 2016)

(一) M13 噬菌体展示系统

M13 噬菌体由环状单链 DNA(single-stranded DNA, ssDNA)和 5 种外壳蛋白(pⅧ、pⅨ、pⅦ、pⅥ、pⅢ)组成。单链 DNA 长度为 6 407 个核苷酸,编码 2 700~3 000 个拷贝的主要外壳蛋白 pⅧ,末端有 4 种不同 5 个拷贝的次要外壳蛋白(pⅨ、pⅦ、pⅥ、pⅢ)。M13 噬菌体的生活方式属于一种非溶菌性的慢性感染,尽管 M13 噬菌体可以感染宿主细菌而不杀死它们,但在受感染的细菌细胞中能够观察到其生长速率的下降。

根据噬菌体的多肽融合位置,M13 噬菌体展示文库可分为 pⅢ 和 pⅧ 两大类。pⅧ 文库可以在噬菌体的侧壁上展示 1 000 个拷贝的多肽,而 pⅢ 文库可

以在 pⅢ末端展示 5 个拷贝的多肽。因此,pⅧ和 pⅢ噬菌体展示系统的主要区别在于:pⅢ文库可以在其表面展示 1~5 个拷贝的较大的外源蛋白;而 pⅧ可以与大量的外源蛋白融合,但只能使用短肽,因为高密度的较大外源蛋白会增加空间位阻,阻碍噬菌体的组装并导致侵染能力的丧失。不同多肽在单个噬菌体上的单次、两次或三次展示可以通过肽段的位点特异性修饰来实现。然而,丝状噬菌体也有一定的局限性,它们不能有效地展示细胞质蛋白。因此,基于 M13 噬菌体的文库只能展示能够穿过细菌胞膜并保持正确折叠的多肽或蛋白质。

（二）T7 噬菌体展示系统

T7 噬菌体是一种具有溶菌生命周期的 DNA 病毒,并且不依赖大肠杆菌的分泌机制,因为 T7 噬菌体是在细胞质中组装并通过溶解细菌释放出来的。T7 噬菌体由线性双链 DNA(double-stranded DNA,dsDNA)(39 936 bp)和 6 种衣壳蛋白(p10A、p10B、p8、p11、p12、p17)及内核蛋白(p14、p15、p16)组成,其头部共有 415 个蛋白;p14、p15、p16 为内核部分。在 T7 噬菌体展示系统中,蛋白质通常展示在 C 端的 p10B 上。然而,T7 噬菌体可以被修饰以表达不同数量的 p10B 和 p10A 蛋白,同时展示 1~415 个拷贝的多肽序列。T7 噬菌体有几个特性使其成为展示实验的理想选择。首先,较大的蛋白质片段(多达 1 000 个氨基酸)可以与衣壳蛋白进行低水平融合;其次,它可以在一些苛刻的条件下生存,如高 pH、高盐甚至是有变性剂存在的条件;而且,它生长速度快,一天内就可以进行多轮筛选。在固体培养基中,菌斑可以在 3 h 内形成,而在液体培养基中,宿主菌从被感染到破裂仅需要 1~2 h。另一个优势是其高效的包装系统。此外,Krumpe 等证明,与 M13 文库相比,T7 文库可以产生更高的多肽多样性。然而,T7 噬菌体展示系统在高密度下只能展示 50 个氨基酸以下的短肽,而对于多达 1 200 个氨基酸的大蛋白只能展示 1~15 个拷贝。

（三）λ 噬菌体展示系统

λ 噬菌体最初是在 1951 年由威斯康星大学的 Esther Lederberg 发现的,当时她偶然发现这种噬菌体从实验室紫外线照射后的大肠杆菌 K-12 菌株中释放出来。λ 噬菌体由一条线性双链 DNA、两个主要外壳蛋白(pD 蛋白和 pV 蛋白)及其他蛋白(pE、pB、pU、pW、pFⅡ、tfa、stf)组成。pD 蛋白的分子量为

11 000 Da,不含 pD 蛋白的噬菌体比野生型噬菌体短 18%。外源蛋白与 pD 蛋白的融合不影响 λ 噬菌体的组装,并且展示的蛋白质可以在空间上彼此接近。λ 噬菌体的管状尾部由 32 个盘状结构组成,每个盘状结构由 6 个 pV 蛋白亚基组成。因此,每个 λ 噬菌体有 192 个 pV 拷贝。pV 蛋白折叠结构的 C 端(非功能区)可以被外源蛋白序列取代或延伸。目前,已经利用 pV 蛋白展示系统成功表达展示了 β-半乳糖苷酶、凝集素、pD 蛋白、绿色荧光蛋白和碱性磷酸酶。在这个系统中,平均每个噬菌体展示一个外源蛋白,说明外源蛋白或多肽可能会干扰 λ 噬菌体尾部的组装。

(四) T4 噬菌体展示系统

肠道菌 T4 噬菌体是一种能感染大肠杆菌的噬菌体。T4 噬菌体的双链 DNA 基因组长约 169 kbp,编码 289 种蛋白质,包括 p13、p14、p18、p19、p20、p23、p24、p、34、p35、p36、p37 和两种非必需的外壳蛋白 SOC 和 HOC 等。外源蛋白或多肽通过与 HOC 的 C 端或 SOC 的 N 端融合而展示在噬菌体表面。在重组载体的 *SOC* 基因中整合外源序列,并分离出展示外源多肽或蛋白的溶菌酶非依赖性噬菌体,可以实现 SOC 位点展示。HOC 位点展示可以通过体外包装实现。将目的基因与 *HOC* 基因的 C 端连接,构建 HOC 融合基因表达载体,并通过异丙基硫代-*β*-*D*-半乳糖苷(isopropylthio-*β*-*D*-galactoside, IPTG)诱导 HOC 融合蛋白的表达。在与 *HOC* 基因缺失型 T4 噬菌体共感染后,HOC 融合蛋白被包装到 T4 噬菌体的衣壳表面。如有必要,还可以产生双重展示噬菌体。

四、应用

作为一种新兴的研究方法和工具,噬菌体展示已成为探索受体与配体之间相互作用位点、寻找高亲和力和生物活性的配体分子的有力工具,在新药研发、蛋白质相互识别、新型疫苗的研制及肿瘤治疗等研究领域产生了深远的影响。下面主要从 4 个方面阐述噬菌体展示技术的应用。

(一) 多肽药物的发现

多肽(5~50 个氨基酸)具有亲和力和特异性高、稳定性好、制造方便、生产成本低、组织渗透性好等优点。这些生物活性分子可以与体内蛋白质选择性地相互作用,起到配体、抑制剂、底物、抗原、表位模拟等作用,具有治疗潜力。

噬菌体展示随机肽库是一种最常见的噬菌体展示文库。近年来，已有多种噬菌体展示技术来源的多肽类药物被批准上市或正在进行临床研究，其多用于治疗恶性肿瘤、传染性疾病、免疫炎症性疾病等。

1. *抗癌相关多肽药物* 癌症是全球第二大死亡原因。目前，癌症治疗面临的主要挑战包括缺乏将治疗药物靶向肿瘤部位的有效手段，以及缺乏高度特异性的治疗药物。理想的有效抗肿瘤药物的研发策略为：在消灭靶向肿瘤细胞的同时防止健康细胞受到损害。在这种背景下，生长因子受体、黏附蛋白、整合素等肿瘤细胞表面过表达的多种膜蛋白受体成为肿瘤特异性多肽的潜在靶点。因此，噬菌体展示文库可以为结合肿瘤血管和癌细胞的肿瘤特异性肽提供巨大的储藏宝库。

乳腺癌是女性最常见的癌症类型。在乳腺癌细胞中，aFGF 高度表达，aFGF 与其受体（FGFR）的相互作用促进了疾病的进展。Dai 等利用噬菌体展示技术从七肽库中筛选出一种被称为 AP8 的 aFGF 结合肽（AGNWTPI），其能够拮抗 aFGF 与 FGFR 的相互作用，将乳腺癌和血管内皮细胞阻滞在 G_0/G_1 期，从而抑制细胞增殖。CD133 是肿瘤干细胞的表面标志物，在多种实体肿瘤中都有表达，且与肿瘤的放疗和化疗抵抗有关，是潜在的肿瘤治疗靶点。Sun 等利用 M13 噬菌体展示随机七肽库筛选并鉴定出了一种 CD133 的特异性结合配体——七肽 LS-7（LQNAPRS），体内试验证明其对小鼠 CD133 具有很高的亲和力和特异性；同时，LS-7 还能明显抑制结肠癌和乳腺癌细胞的迁移。另外，以乳腺癌细胞作为筛选靶标，Fagbohun 等利用 8-mer f8/8 和 9-mer f8/9 两种风景噬菌体文库鉴定得到了针对人乳腺癌细胞系 MCF-7 和 ZR-75-1 的噬菌体探针；Liu 等从噬菌体展示随机十二肽库中发现了一种新的多肽 GYSASRSTIPGK，能够高度特异性地结合乳腺癌干细胞。此外，在乳腺癌等恶性肿瘤中，表皮生长因子受体（Her2）表达异常。Diderich 以 Her2 为靶标对噬菌体展示双环肽文库进行生物筛选，鉴定出一系列具有多种序列和基序的双环肽配体，这些配体是研发特异性、高亲和力 Her2 结合肽的基础。

前列腺癌被认为是最常见的男性恶性肿瘤，是发达国家男性癌症死亡的第二大原因。尽管已经有大量治疗前列腺癌的药物被开发出来，但是这些药物在一些病例中仍然疗效欠佳。Jayanna 等利用风景噬菌体文库鉴定出了结合 PC3 前列腺癌细胞的 3 种噬菌体探针，分别携带多肽 DTDSHVNL、DTPYDLTG 和 DVVYALSDD，其对 PC3 前列腺癌细胞表现出高度的特异性和选择性。此外，成纤维细胞生长因子-8b(fibroblast growth factor-8b, FGF-8b)的表达与肿瘤生长、血管生成及前列腺癌分期有关。Wang 等利用噬菌体展示文库筛选发现了 12 个结合 FGF-8b 的噬菌体克隆,并鉴定出了一种可能作为生长因子拮抗剂的多肽 P12。这些多肽的发现可能有助于影像学和治疗方面的应用,甚至噬菌体探针也可能在前列腺癌的诊断或治疗中发挥潜在作用。

噬菌体展示技术也是寻找肿瘤靶向肽的重要技术。肿瘤靶向肽是一类用于癌症诊断和治疗的有力工具,它们的生产成本较低,易于合成,而且具有靶向配体的大部分优点:对靶点的亲和力和特异性高,且与基于抗体的大分子配体相比,其对肿瘤的穿透性较强。在实体瘤中,多肽可用于靶向肿瘤血管系统、细胞外基质(extracellular matrix, ECM)、肿瘤基质细胞或肿瘤细胞表面过表达的受体。血管靶向肽的一个典型例子就是 RGD 肽。Rouslahti 和同事首先通过噬菌体展示在体内以环肽 CDCRGDCFC(RGD-4C)的形式分离出这种肽,其被证实能选择性地结合 αvβ3 和 αvβ5 整合素并且靶向肿瘤血管系统。Arap 等将噬菌体展示肽库注射入荷瘤小鼠进行体内筛选,鉴定出了一组含有 NGR 基序的环肽 CNGRC。这些肽被证明在乳腺癌、黑色素瘤和卡波西肉瘤中可与肿瘤血管相结合。纤连蛋白是癌细胞与细胞外基质之间的协调蛋白,参与癌细胞的存活、增殖、侵袭和转移。通过噬菌体原位展示技术,Kim 等开发了一种结合纤连蛋白 EDB 结构域的支架肽 APT_{EDB}。APT_{EDB} 对 EDB 显示出了很高的结合亲和力(K_D=65 nmol/L),可作为靶向配体与抗癌药物结合,以获得较强的肿瘤选择性并降低全身毒性,为实体肿瘤治疗递送生物制剂(如寡核苷酸、siRNA 和药物),以及用于 EDB 过表达肿瘤的磁共振成像。在另一项研究中,Han 等以 EDB 片段为筛选靶标,使用噬菌体展示环肽文库开发了一种环九肽 ZD2(CTVRTSADC),在体内对前列腺癌表现出良好的特异靶向性,并可作为 EDB 过表达前列腺癌的显像剂。

2. *抗病原体感染多肽药物*　恶性疟原虫和诺氏疟原虫是疟疾的致病病原体,严重威胁人类的生命。这些寄生虫在疟疾感染过程中感染红细胞,引起红细胞膜的物理和化学变化。Eda 等在被感染的红细胞表面筛选噬菌体展示文库,发现了一种开发抗疟药物的先导化合物(多肽 LVDAAAL),其能够选择性地识别并结合受感染红细胞膜。Vega-Rodriguez 等利用噬菌体展示十二肽库发现了一种雌配子多肽 FG1(NCEDYLPGWFCT),其能与雌性伯氏疟原虫配子表面结合并抑制卵囊的形成。Ghosh 等通过噬菌体展示技术鉴定出了一种被称为 SM1(salivary

gland and midgut peptide 1)的新型多肽,这种新型多肽可与蚊子的唾液腺叶和中肠上皮特异性结合,并抑制疟原虫对唾液腺和中肠上皮的寄生侵袭。Hernandez-Romano 等利用噬菌体展示随机肽库,在伯氏疟原虫动合子的结合肽中发现了一段保守基序(PWWP),这段保守基序能够与动合子表面烯醇化酶和肌动蛋白相结合。这些多肽有望发展成为新型预防疟疾传播的潜在药用分子。

3. *免疫炎症性疾病相关多肽药物* 炎症性肠病、类风湿性关节炎等是一类常见的自身免疫性炎症性疾病。肿瘤坏死因子-α(tumor necrosis factor-α, TNF-α)与其受体(TNFR)相互作用的异常激活是这些自身免疫病发生、发展的重要因素,因而 TNF-α 和 TNFR 也一直是治疗此类疾病的关键靶点。Lu Yiming 等利用 T7 噬菌体展示系统构建了药用海洋生物——青环海蛇的毒腺噬菌体展示文库,其以 hTNFR1 为靶标,筛选获得了 22 个氨基酸的多肽 Hydrostatin-SN1,而后又通过序列截短优化及筛选实验获得了十肽 Hydrostatin-SN10。Hydrostatin-SN10 能够专一性结合 hTNFR1(平衡解离常数 K_D = 2.8 μmol/L),并选择性拮抗 TNF-TNFR1 的相互作用,对类风湿性关节炎动物模型和炎症性肠病动物模型都有显著的抗炎治疗效果,并且具备良好的药代动力学性质和安全性,目前已完成新药临床试验预申请(pre-investigational new drug, Pre-IND),有望开发成为治疗炎症性肠病等自身免疫病的"First-in-class"多肽类创新药(图 2-4)。

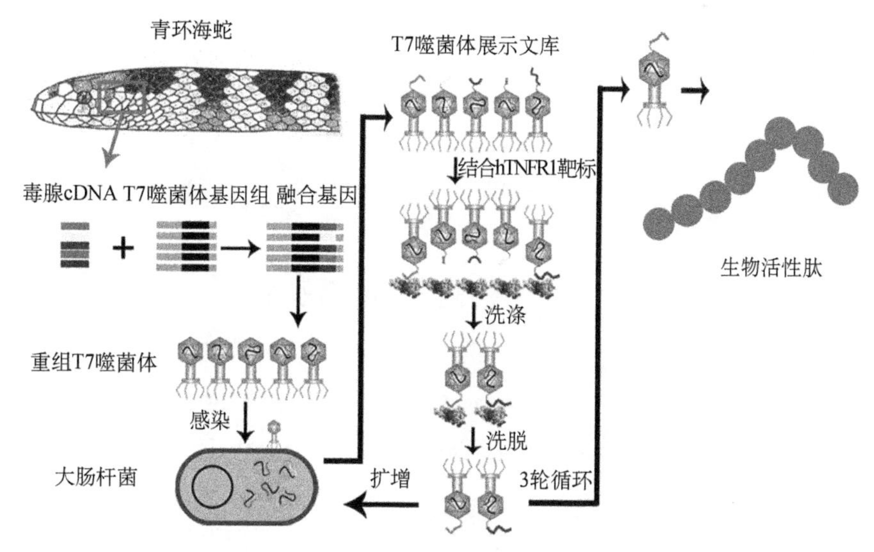

图 2-4 利用 T7 噬菌体展示文库筛选青环海蛇抗炎活性肽(Zheng et al., 2016)

（二）抗体筛选

1975年，科学家用杂交瘤技术制备了第一批单抗，40多年来，针对不同抗原的单抗被大量制备和鉴定。然而，这些抗体中只有少数在治疗疾病方面有明显的临床益处。重组DNA表达等分子生物学技术的发展，使抗体的研发发生了革命性的变化。噬菌体展示技术作为构建和分离重组抗体的有力工具，为制备特异性抗体提供了一种有价值的替代手段。抗原抗体结合识别表位和模拟表位的研究是抗体噬菌体展示技术的初步应用之一。后来发现，抗体片段[scFV、抗原结合片段（fragment of antigen binding，Fab片段）和VHH结构域]等大分子可以成功地展示在噬菌体上。与传统免疫动物的方法和杂交瘤技术相比，基于噬菌体展示技术的重组抗体制备速度更快、自动化程度更高、使用实验动物更少。通常在展示在噬菌体上的数百万种不同的抗体片段中筛选高度特异性的治疗性抗体，相关的利用噬菌体展示技术筛选高亲和力与特异性单抗的具体流程见图2-5。

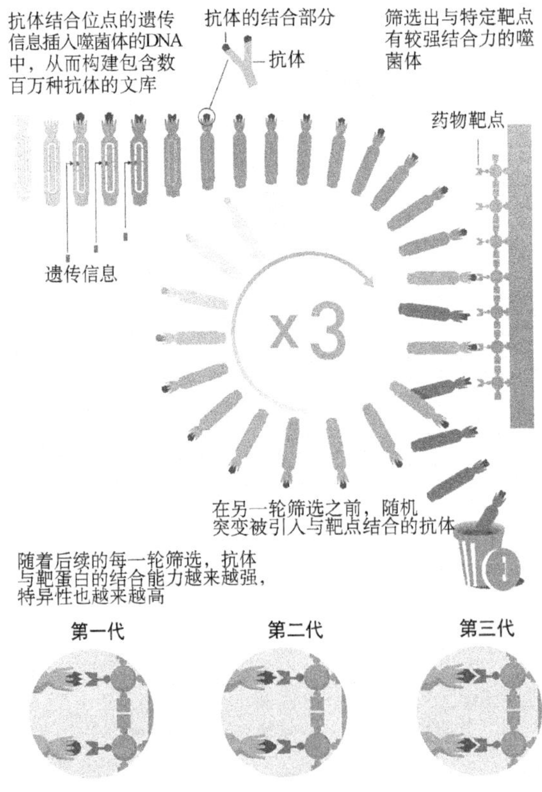

图2-5　利用噬菌体展示技术筛选高亲和力和特异性的单抗（https://www.nobelprize.org/）

治疗性单抗在分子结构和临床疗效方面都有很大的进步。在过去的20年中，通过噬菌体展示技术生产治疗性抗体逐步成为传统免疫的有效替代方法。最初的开发工作主要集中在拓展靶抗原库和抗体蛋白人源化，以克服免疫原性带来的问题。同时，抗体-药物结合物也被开发用于靶向给药，并作为筛查的显像剂。目前，有多种噬菌体展示来源的单抗正处于临床或临床前研究阶段，但只有少数几种特定抗体上市。迄今，利用噬菌体展示技术开发的单抗占比为30%~35%，其中大部分正在进行临床试验。

阿达木单抗（adalimumab）作为阻断TNF的抗炎药物，是FDA批准的首个利用噬菌体展示技术开发的全人源重组IgG1单抗，用于治疗类风湿性关节炎、强直性脊柱炎、克罗恩病等自身免疫病。贝利木单抗（belimumab）是一种通过噬菌体展示获得的抑制B细胞活化因子的人源化抗体，是首个在美国、加拿大和欧洲被批准的用于治疗系统性红斑狼疮的生物药物。雷珠单抗（ranibizumab）是一种与血管内皮生长因子A（VEGF-A）结合并中和其活性的单抗Fab片段，它是利用噬菌体展示技术进行人源化抗体亲和力成熟和生产的一个例子，用于治疗湿性老年性黄斑变性。其他较成功的及正在临床试验中的噬菌体展示来源的抗体类药物包括瑞西巴库（raxibacumab，抗炭疽杆菌保护性抗原PA83，治疗吸入性炭疽）、雷莫芦单抗（ramucirumab，抗VEGFR2，治疗胃癌）、耐昔妥珠单抗（necitumumab，抗EGFR，治疗非小细胞肺癌）、帕克莫单抗（moxetumomab pasudotox，抗CD22，治疗复发性或难治性毛细胞白血病）、西妥木单抗（cixutumumab，抗IGF-1R，治疗胸腺瘤）等。除了IgG1全长抗体以外，噬菌体展示技术还被用于开发结构更小、稳定性更高的新型抗体衍生支架，如单域抗体（single domain antibody，SdAb）。SdAb片段可以通过噬菌体展示技术从骆驼科（骆驼、美洲驼和羊驼）或鲨鱼的只有重链的抗体HCAb中获得。

（三）抗原表位鉴定与疫苗研发

抗原表位的鉴定是诊断、免疫治疗和疫苗研制的基础。噬菌体展示技术可以快速、廉价地定位与抗体特异性结合的抗原表位。噬菌体展示肽库可以帮助识别连续表位中参与抗体结合的关键残基。线性连续表位的长度通常为6个氨基酸，因此对文库的筛选可以鉴定出与表位一级结构完全匹配的肽段。抗原表位定位可以通过筛选噬菌体展示技术随机肽库来实现，随机肽由合成寡核苷酸或基因片段编码,其中基因片段编码的文库可用于识别较长或采用结构构象的表位。噬菌体展示肽库也可用于亲和筛选模拟表位。模拟表位是模拟不连续表位的结构的肽段,可能与抗原的任何线性序列都不相似,代表表位与抗体的构象依赖性相互作用。噬菌体展示肽库还可以识别具有低免疫原性的糖类和脂类抗原的表位模拟物。模拟表位与载体蛋白偶联或形成聚合物已被用于癌症、抗过敏和避孕疫苗的开发。

在病原感染性疾病中,可以利用噬菌体展示文库来鉴定某些类型病毒的表位,甚至可以将筛选出的表位用作亚单位疫苗。例如,Yang 等用免疫犬的抗狂犬病病毒 IgG 抗体作为靶标,在噬菌体展示肽库中筛选模拟糖蛋白和核蛋白表位的肽段,结果表明,RYDDW-T 基序可能是一个新的表位区。此外,Larralde 等基于噬菌体展示肽开发的一种甲型肝炎病毒检测新方法,能够识别出模拟病毒抗原的配体。尼帕病毒(Nipah virus, NiV)是一种人畜共患的副黏病毒,其感染周期始于 G 糖蛋白与宿主受体结合之后。Lam 等用噬菌体展示系统对 NiV G 糖蛋白的细胞结合域进行定位,结果表明其 498~602 位氨基酸在与宿主的结合中起重要作用。在诺氏疟原虫中,裂殖子表面蛋白-142 一直是开发疫苗和诊断疟疾的靶点。Cheong 等利用合成肽库和噬菌体展示库来识别和定位相关的表位,鉴定出 2 个表位——TAKDGMEYYNKMGELYKQ 和 RCLLGFKEVGGKCVPASI,它们可能是疟疾免疫诊断试验和疫苗设计的潜在候选表位。这些发现对于研发上述传染性疾病的疫苗或诊断化合物至关重要。

(四)蛋白质-蛋白质相互作用研究

蛋白质-蛋白质相互作用是生命过程中不可缺少的,超过 80%的细胞蛋白质可能与其他蛋白质形成复合物,它们之间的相互作用受多种机制调控。噬菌体展示技术已被广泛应用于蛋白质-蛋白质相互作用的研究。它与组合突变的结合提供了一种快速鉴定蛋白质-蛋白质结合界面相互作用残基的方法。噬菌体随机肽库已被用于识别新的蛋白质-蛋白质相互作用对。例如,噬菌体展示实验预测了细菌膜转运蛋白 TonB 和 BtuF 之间的相互作用,确定了每个蛋白质上潜在的结合残基。分别以 TonB 或 BtuF 为靶点,对噬菌体展示肽进行亲和筛选,将筛选出的肽段与蛋白 TonB 或 BtuF 进行氨基酸序列比较,识别出了 TonB 中可能为 BtuF 结合位点的 3 个一致性区域,以及 BtuF 中可能结合 TonB 的 3 个区域。而后通过动态光散射检测溶液中 TonB-BtuF 复合物的形成,以及以表面等离子共振测定 BtuF 与 TonB 的实时结合来对此进行验证。噬菌体展示也被用于鉴定细胞内不同蛋白质结构域(如 SH3 和 PDZ)之间的相互作用。通过亲和筛选识别出的多肽也有不同于 SH3 结构域的已知天然配体的序列,表明 SH3 具有多样的结合特异性。从噬菌体展示文库中筛选出的多肽模块可以映射回整个基因组序列,以确定靶蛋白的潜在结合配体。在 C 端表达的噬菌体随机肽库有助于探索与另一种蛋白质 C 端相互作用的结构基序(如 PDZ 结构域)。噬菌体 cDNA 文库可以识别蛋白及非蛋白靶点(如磷脂酰丝氨酸)的内源性蛋白配体。它们为通过基因组测序得到的基因的功能鉴定提供了重要工具。

五、展望

噬菌体展示是一项强大的技术,具有简单、高效、低成本等优点,是制备靶向配体的有力工具。通过噬菌体展示筛选出的噬菌体和靶向特异性配体已广泛应用于生物医学和药物发现的多个领域。

已有越来越多通过噬菌体展示发现的抗体和多肽类候选新药被批准上市或进入临床前/临床试验,这证明了噬菌体展示技术作为一种实用的、可靠的药物发现平台的价值。然而,通过噬菌体展示文库筛选的单抗和抗体片段,大多数具有稳定性低、肿瘤靶向性差及在健康组织中不需要摄取的特点。将噬菌体展示技术与纳米技术结合可能有助于克服某些缺点。噬菌体纳米生物技术和噬菌体纳米医学将有可能在不久的将来发展成为一门新兴学科。利用基因工程方法开发具有理想生物学和理化性质的非免疫原性噬菌体将是噬菌体纳米生物技术的一个新目标,特别是在诊断和为患者定制个性化治疗方面的应用。

此外,尽管噬菌体展示筛选出的活性多肽分子具有渗透性好等优点,但在体内它们仍然面临相当大的挑战。在这个问题上,常见的风险与多肽从展示形式释放时的改变有关。这种改变可能会降低它们在可溶性状态下的结合亲和力。有时,在体外表现出显著活性的多肽到了体内会完全失去功能,并可能会引起聚集,继而产生危险的副作用。另外,多肽药物还存在易降解、循环时间短和有潜在的免疫原性等稳定性问题。幸运的是,蛋白质工程方法的进步可以改善噬菌体展示来源多肽分子的药效学特性。诸如环化、N/C 端封闭、使用融合蛋白或支架蛋白、聚乙二醇和聚唾液酸修饰,以及 *D*-氨基酸、非天然氨基酸和化学修饰氨基酸替代等多种技术被用于增强多肽的稳定性。此外,肽多聚化、对文库进行二次偏倚筛选也可以在一定程度上提高多肽的亲和力。

噬菌体展示技术局限性在于其利用并依赖于病毒-宿主细胞的生物系统，因此文库的容量和多样性受到了这些系统分子需求的限制。破坏DNA克隆和噬菌体颗粒产生之间的任何步骤,包括蛋白质合成、蛋白质转位、噬菌体形态发生、宿主细胞结合或侵染过程中的后续步骤,都可能从最终噬菌体群体中移除特定的展示结构。噬菌体展示文库一旦构建好,很难再进行额外的体外突变和重组,这一点也限制了文库中展示分子的多样性。此外,由于细菌细胞内缺乏翻译后修饰的细胞器和分子折叠伴侣,部分真核细胞蛋白在噬菌体中不能很好地表达和展示。

随着新的疾病标志物的发现和噬菌体展示系统应用的拓展,噬菌体展示技术在近些年内仍将是一个稳定的平台,为临床开发提供越来越多有用的候选治疗手段。由于多肽类药物大多以细胞表面受体和蛋白质为靶点,近年来,利用噬菌体展示技术筛选细胞内多肽药物甚至细胞器特异性药物,已成为研究细胞穿膜肽和蛋白质转导结构域的热点。在这方面,一类新的内化噬菌体载体已被开发用于靶向细胞器及哺乳动物细胞内分子通路的识别。这种独特的技术适用于从基础科学研究到新药开发的各种应用。此外,噬菌体展示生物筛选和噬菌体表面组合化学文库高通量筛选技术的发展,为不同科学领域的靶标分子鉴定提供了一个强大、快速、经济的工具。确定合适的疾病靶点并对其进行验证是目前生物制药发展的主要挑战,也是噬菌体展示研究的热点。但传统噬菌体展示的通量和效率已不能满足日益增长的对特定靶点和配体的需求。因此,由于其巨大的潜力,未来的研究方向应该是将噬菌体展示方法与相对新颖的技术相结合。

噬菌体展示技术自发明以来,在肿瘤学、免疫学、细胞生物学、药理学、药物发现等领域有着广泛的生物医学应用前景,在其他领域的应用还有待探索。在不远的将来,噬菌体展示及相关的衍生技术将为临床和医药市场做出更多的贡献。

附录　噬菌体展示建库方法——以T7噬菌体为例

目前,市场上较成熟的商品化噬菌体展示系统主要有M13和T7等,这里我们以Novagen公司的T7噬菌体展示系统试剂盒(T7Select® Phage Display System,以下简称T7Select系统)为例,详细介绍噬菌体展示文库制备的实验方法[具体请参考试剂盒操作指南(T7Select® System Manual Novagen)]。

T7Select 系统充分利用 T7 噬菌体的优势,成为替代传统 M13 系统的更好选择,也是市售唯一采用 T7 为载体的噬菌体展示系统。该系统能够以高拷贝数(415 kb)展示 50 个氨基酸的多肽,也可以较低拷贝数(5~15 kb)展示多达 1 200 个氨基酸的蛋白质分子。T7 噬菌体在细菌胞质内完成组装并通过裂解细胞释放成熟的噬菌体,因此它不像溶原性噬菌体那样需要能够穿过细胞膜而分泌出来。T7 噬菌体的一些天然特性使它成为更具吸引力的展示载体。它非常容易生长,比 λ 噬菌体和丝状噬菌体复制得更快。T7 噬菌体在 37 ℃下形成噬菌斑仅需要 3 h,侵染 1~2 h 即可使宿主菌裂解,大大节约了克隆和筛选时间。并且其颗粒包装效率高,文库代表性较好。

T7Select 系统利用 T7 衣壳蛋白在噬菌体表面展示多肽或蛋白质。T7 衣壳蛋白通常有两种形式:p10A(344 aa)和 p10B(397 aa),其中 p10B 通常占衣壳蛋白的 10%,由 p10A 第 341 位氨基酸的移码突变产生。功能性衣壳也可全部由 p10A 或 p10B,或是两种蛋白质的多种比例组合构成。这一发现初步表明,T7 衣壳能够容纳变异,并且衣壳蛋白中 p10B 独有的区域可能位于噬菌体的表面,可用于噬菌体展示。

T7Select 噬菌体展示载体有 3 种基本类型:①用于多肽高拷贝数展示的 T7Select415 载体;②用于多肽或较大蛋白质中拷贝数展示的 T7Select10 载体;③用于多肽或较大蛋白质低拷贝数展示的 T7Select1 载体。在所有的这些载体中,待展示多肽或蛋白质的编码序列将会被克隆到 p10B 蛋白第 348 位氨基酸后的一系列多克隆位点。衣壳蛋白基因中的天然移码突变位点已被去除,因此这些载体只携带单一形式的衣壳蛋白。

(一) T7 噬菌体的培养和储存

1. 生长基质 T7 噬菌体可以使用普通细菌培养基进行培养。相关培养基的配方如下:

(1) LB 培养基:胰蛋白胨 10 g、酵母提取物 5 g、NaCl 10 g,加入去离子水溶解,滴加 1 mol/L NaOH 调节 pH 至 7.5,定容至 1 L,高压灭菌 20 min。对于固体平板,加入 15 g/L 琼脂。

(2) TB 培养基:胰蛋白胨 12 g、酵母提取物 24 g、甘油 4 mL,加入 900 mL 去离子水溶解,高压灭菌 20 min,待溶液冷却至 60 ℃以下时,加入 100 mL 灭菌的磷酸钾盐缓冲液。

磷酸钾盐缓冲液：KH_2PO_4 23.1 g、K_2HPO_4 125.4 g，加入去离子水溶解定容至 1 L，高压灭菌 20 min。

(3) 顶层琼脂糖培养基：胰蛋白胨 1 g、酵母提取物 0.5 g、NaCl 0.5 g、琼脂糖 0.6 g，加入 100 mL 去离子水溶解，高压灭菌 20 min。

(4) M9TB(M9LB)培养基：20×M9 盐 5 mL，20% 葡萄糖 2 mL，1 mol/L $MgSO_4$ 0.1 mL，TB(或 LB)培养基 100 mL。

20×M9 盐：NH_4Cl 20 g、KH_2PO_4 60 g、$Na_2HPO_4 \cdot 7H_2O$ 120 g，加入去离子水溶解定容至 1 L，高压灭菌 20 min。

T7Select 系列载体的培养基和宿主菌株见表 2-1。

表 2-1 T7Select 系列载体的培养基和宿主菌株

载体	宿主菌株	液体培养基	固体培养基
T7Select415-1b	BL21	M9TB 培养基	LB 培养基
T7Select10-3b	BLT5403	M9TB 培养基(羧苄西林/氨苄西林)	LB 培养基(羧苄西林/氨苄西林)
T7Select1-1b	BLT5615	M9TB 培养基(羧苄西林/氨苄西林)	LB 培养基(羧苄西林/氨苄西林)
T7Select1-2a，T7Select1-2b，T7Select1-2c	BLT5615*rna*	M9TB 培养基(羧苄西林/氨苄西林、卡那霉素)	LB 培养基(羧苄西林/氨苄西林、卡那霉素)
	Origami B 5615	M9TB 培养基(羧苄西林/氨苄西林、卡那霉素、四环素)	LB 培养基(羧苄西林/氨苄西林、卡那霉素、四环素)
	Rosetta 5615	M9TB 培养基(羧苄西林/氨苄西林、氯霉素)	LB 培养基(羧苄西林/氨苄西林、氯霉素)
	Rosetta-gami B 5615	M9TB 培养基(羧苄西林/氨苄西林、卡那霉素、四环素、氯霉素)	LB 培养基(羧苄西林/氨苄西林、卡那霉素、四环素、氯霉素)

对于 T7Select415-1 载体，其宿主菌除了 BL21 以外，也可以使用 Rosetta、Rosetta-gami B 和 Origami B 等其他宿主菌。如果需要表达约束性文库(如含有 S-S)，使用 Origami B 或 Rosetta-gami B 可能会更好。培养基在高温高压灭菌并冷却至 55 ℃ 以下后，再加入过滤除菌的抗生素。一般添加终浓度为 50 μg/mL 的羧苄西林或氨苄西林(母液浓度 50 mg/mL)，或终浓度为 15 μg/mL 的卡那霉素(母液浓度 30 mg/mL)，或终浓度为 12.5 μg/mL 的四环素(母液浓度 5 mg/mL)，或者终浓度为 34 μg/mL 的氯霉素(母液浓度 34 mg/mL)。

2. 菌株 细菌菌株的母液储存在-80～-70 ℃。以划线法在添加抗生素的LB培养基平板上接种，37 ℃过夜培养，形成单克隆菌落。挑取单菌落接种至50 mL添加抗生素的LB或TB液体培养基中，37 ℃振荡培养，直至OD_{600}达到0.6～1。取1.5 mL处于对数生长期的新鲜菌液，加入0.15 mL灭菌的80%甘油，直接放入-80 ℃冰箱中保存。后续培养时可从冻存的甘油菌表面刮取少量进行接种，而无须融化全部的甘油菌母液。平板菌落可以在4 ℃冷藏储存1个月。

3. 细菌溶解产物的培养 T7噬菌体在对数生长期细菌或从稳定期稀释的细菌中都生长迅速，摇瓶中的溶菌产物一般能产生10^{10}～10^{11}/mL的噬菌体。噬菌体滴度与培养液的通风程度成正比，当菌液体积不超过烧瓶体积的20%时，可以获得最好的滴度。

编号中有5403或5615的宿主菌携带了一个具有氨苄西林抗性的质粒，能够提供额外的p10A衣壳蛋白。在5403质粒中，p10A衣壳蛋白的表达由一个T7启动子驱动，而在5615质粒中它由*lac*UV5启动子所驱动。因此，在BLT5403宿主菌中，T7噬菌体侵染过程中会产生大量衣壳蛋白；相反，BLT5615宿主菌需要在噬菌体侵染之前添加IPTG来诱导衣壳蛋白的表达。BLT5403宿主菌形成的噬菌斑较小，但获得的溶菌产物滴度与BLT5615宿主菌相近。展示较大蛋白质（>600 aa）的噬菌体在BLT5403宿主菌中形成极微小的噬菌斑，并且在其衣壳蛋白融合基因中积累缺失突变；而在BLT5615宿主菌中形成较大的噬菌斑，产生的溶菌产物也不带有可检测的缺失突变。准备BLT5615宿主菌时，在噬菌体侵染前30 min加入IPTG至终浓度1 mmol/L。对于25 mL琼脂平板，在2.5 mL顶层琼脂中加入100 mmol/L IPTG 0.1 mL。

BLT5615*rna*宿主菌缺少*RNase* Ⅰ基因，它编码一种非必需的核糖核酸酶，是大肠杆菌提取物中非特异性RNA降解活性的主要来源。BLT5615宿主菌的*RNase Ⅰ*基因（*rna*）被一段卡那霉素抗性盒的插入打断，从而产生了BLT5615*rna*宿主菌。BLT5615*rna*宿主菌的噬菌体溶菌产物不会引起RNA大量降解，这让RNA被用作生物筛选实验的“诱饵”。一些RNA结合蛋白已从通过BLT5615*rna*宿主菌扩增的T7Select cDNA文库中被成功分离出来。由于BLT5615*rna*宿主菌除了*RNase Ⅰ*基因缺陷之外其他都与BLT5615宿主菌相同，因而在BLT5615宿主菌已成功应用的所有其他领域，BLT5615*rna*宿主菌都应是合适的宿主。

Origami B 5615宿主菌极大地促进了可溶性活性蛋白在大肠杆菌中的表

达,其硫氧还蛋白还原酶(*trxB*)和谷胱甘肽还原酶(*gor*)基因的突变创建了一个适合二硫键形成的胞质环境。Rosetta 5615 宿主菌的设计旨在提高包含大肠杆菌稀有密码子的真核蛋白的表达;在天然启动子的控制下,这个菌株为带有氯霉素抗性的质粒上的密码子 AUA、AGG、AGA、CGG、CUA、CCC 和 GGA 提供 tRNA。而 Rosetta-gami B 5615 宿主菌将前两者的优势特点结合了起来。

对于培养对数生长期细菌的溶菌产物,一种简便的方法是:将过夜培养的新鲜菌液在 M9TB 培养基中稀释 200 倍,37 ℃振荡培养 3.5~4 h 至 OD_{600} 达到 0.6~0.8,然后以噬菌体原液或噬菌斑侵染。细菌在 37 ℃生长时平板上会以相同的间隔形成噬菌斑单克隆,用灭菌巴斯德吸管的尖端转移一小块包含噬菌斑的琼脂可以将其接种到培养液中。通过将过夜培养的菌液在 M9TB 培养基中稀释 3 倍,然后立即加入噬菌体,并振摇至裂解,也可以获得好的溶菌产物。

因为 T7 噬菌体生长得非常快,所以其初始浓度并不是那么关键。加入一个噬菌斑或者 0.001~0.000 1 倍体积的溶菌产物,通常效果会很好。对于一些生长较慢的重组体,应该将噬菌体加入较低生长密度的细菌(或较高稀释倍数的过夜培养菌液)中,以使细菌的生长不会超过噬菌体。如果细菌在几小时之后没有裂解,用新鲜培养基稀释并继续振摇,通常会得到溶菌产物。

4. T7 噬菌体溶菌产物的储存 溶菌之后,应立即在 0.5 mol/L NaCl 中制成溶菌产物,10 000 r/min 离心 10 min,将上清液转移到干净的管子中。在溶菌导致吸光度下降后继续振摇,直至最终滴度的损失。澄清的溶菌产物在冰箱里通常可以稳定保存数月至数年。然而,不同溶菌产物的滴度可能会以截然不同的速度降低,且有些会在几年内完全失活,其原因不明。

长期储存或作为备份的澄清溶菌产物样品,可以与灭菌甘油(终浓度为 8%~10%)混合后冻存在-80~-70 ℃条件下。这些储液可以反复冻融而滴度几乎不受损失。当然,接种时,可以从冻存的储液样品表面刮取几微升,剩余部分再放回冰箱,而不必融化整个样品。

5. T7 噬菌体的滴度测定 在 T7Select 系统的方法中,采用铺板试验来测定不同时间点样品中噬菌体的数量。这项技术将稀释的噬菌体样品与宿主菌及熔化的琼脂糖凝胶混合,均匀地铺在 LB 或 TB 培养基平板上。细菌生长会形成菌苔,而当有噬菌体存在时,在菌苔中可以观察到空白区域——噬菌斑,代表由测试样品中单个噬菌体产生的独立噬菌体侵染事件。如果使用 100 mm 的培养皿平铺稀释样品,能够方便地得到 50 至几百个噬菌斑。在 T7Select 系统中,铺板试验用来检测包装反应的效率、新构建文库中初始重组子的数量、文库扩增后的滴度及监测生物筛选过程中噬菌体的富集程度。铺板所需的稀释度取决于样品的来源,特定样品的滴度估计及推荐稀释范围如表2-2所示。

表2-2　特定样品的滴度估计及推荐稀释范围

样品来源	滴度估计(pfu/mL)	推荐稀释范围
生物筛选洗脱液	$10^3 \sim 10^6$	$1/10^2 \sim 1/10^5$
包装反应	$10^7 \sim 10^9$	$1/10^4 \sim 1/10^7$
扩增的溶菌产物	$10^{10} \sim 10^{11}$	$1/10^7 \sim 1/10^{10}$

测定T7噬菌体滴度时,TB或LB培养基可用于所有的稀释和铺板。高度稀释的噬菌体在TB或LB培养基中仍具有感染活性,但在没有添加明胶等保护剂的培养基或缓冲液中会很快失活。当铺大量样品时,请注意噬菌体在与宿主菌混合时会继续复制,混合后的样品需要尽快铺板。

室温下在15 mL试管中依次加入0.25 mL过夜培养的新鲜菌液,100 μL适当稀释倍数的噬菌体,以及2.5~3 mL熔化的顶层琼脂(45~50 ℃)。将试管中的样品混匀后立即倒入一个盛有20 mL已凝固TB或LB琼脂的标准培养皿(直径100 mm,厚15 mm)中。37 ℃下,野生型噬菌斑会在2~3 h出现,而有些重组子的噬菌斑可能需要更长时间才能形成。大多数情况下,平板不应放在37 ℃过夜培养以防噬菌斑变得太大;而如果置于室温下过夜,噬菌斑通常会保持在可控的大小。

(二)在T7Select系列载体中克隆

在T7Select系列载体中的克隆程序类似于在λ噬菌体载体中的克隆:准备载体臂,与目的插入片段连接,然后与体外包装提取物及用于侵染合适宿主菌的噬菌体产物共孵育。T7Select系列载体中的多克隆位点(multiple cloning site, MCS)与许多现有的载体(包括pET系列载体)是一致的。

将DNA片段克隆到T7Select系列载体的多克隆位点中需要对载体进行酶切,并按照标准方法使用碱性磷酸酶对末端进行去磷酸化。取100 ng酶切产物在低电压下进行0.4%~0.6%琼脂糖凝胶电泳,并以未切载体作为对照,以确认酶切效果。载体的左臂和右臂可以通过更长时间的电泳(0.75 V/cm过夜)得到分离。当然在使用已制备好的T7Select系列*Eco*R Ⅰ/*Hind* Ⅲ载体臂时这些步骤并不是必需的。

1. T7Select 系列 *Eco*R Ⅰ/*Hin*d Ⅲ载体臂 T7Select 克隆试剂包括 T7Select415-1b、T7Select10-3b 或 T7Select1-1b 载体，已制备好的 *Eco*R Ⅰ/*Hin*d Ⅲ载体臂可直接用于插入片段的定向克隆。为了与载体臂相匹配并获得 p10B 衣壳蛋白的框内融合表达，以使重组蛋白得到展示，插入片段必须包含正确设计的末端。如图 2-6 所示，插入片段的正链需要一个 5′-AATT（氨基末端）的黏性末端，而负链需要一个 5′-AGCT 的黏性末端，可以通过寡核苷酸或 *Eco*R Ⅰ/*Hin*d Ⅲ酶切生成。阅读框需要以 AAT（Asn）为起始密码子，然后是 TXX 密码子，对应可能的第二个氨基酸已在图中展示。使用 *Eco*R Ⅰ酶切产物将把 C 放在第二位，得到 TCX 密码子（Ser）。载体臂是去磷酸化的，因此插入片段在连接之前必须进行磷酸化（图 2-6）。

图 2-6 T7Select 系列 *Eco*R Ⅰ/*Hin*d Ⅲ载体臂中的插入片段阅读框

利用 Novagen 公司的 OrientExpress™ cDNA Synthesis Kits 试剂盒获得的 cDNA，可以在 T7Select10-3b 和 T7Select1-1b 载体的 *Eco*R Ⅰ/*Hin*d Ⅲ载体臂中轻松构建 cDNA 文库。使用 OrientExpress Random Primer 或 Oligo（dT）Primer cDNA Synthesis Kit（cDNA 合成试剂盒）可以由 mRNA 通过定向随机引物或 oligo（dT）引物制备 cDNA。然后，利用 *Eco*R Ⅰ/*Hin*d Ⅲ Modification Kit（末端修饰试剂盒）、DNA Ligation Kit（DNA 连接试剂盒）和 Mini Column Fractionation Kit（片段大小分离试剂盒）中提供的试剂处理 cDNA。随机引物策略的运用使 cDNA 大小范围能够得到控制，从而为使用 T7Select 系统分析不同蛋白质结构域的展示提供了选择。

2. 插入片段和载体臂的连接 为每一次插入片段的制备进行插入片段-载体比例的优化，将有助于获得最大的克隆效率。最佳比例会随着插入片段本身的特性和质量而变化，但一般插入片段-载体的摩尔比为 1∶1~3∶1 时会获得最高的克隆效率。

插入片段的制备中不应有盐、引物、核苷酸等干扰物质。通过纯化寡核苷酸的退火而得到的插入片段不需要进一步处理就能适合使用。cDNA 插入片段可以通过常用技术进行大小分离，如使用 Sepharose® 4B 微型柱（随 Mini Column Fractionation Kit 试剂盒提供）进行凝胶过滤。插入片段应制成 0.02~0.06 pmol/μL 的浓度。如果有必要，以 10 μg/mL 的糖原作为运载体，加入 0.1 体积的 3 mol/L 醋酸钠，然后用 2 体积的乙醇沉淀，可以使插入片段得到浓缩。离心之后，沉淀用 70% 乙醇漂洗，干燥，然后在适当体积的 TE 缓冲液或水中重悬。注意，不推荐在这里使用 Novagen 公司的 Pellet Paint® Co-Precipitant 共沉淀剂，因为它与 T7 包装反应不匹配。

以下估计可用于 cDNA 插入片段的克隆：400 ng 处理好的 cDNA（20 ng/μL，20 μL，平均大小 1.5 kb）相当于约 0.02 pmol/μL；37 kb 的载体相当于约 0.04 pmol/μg。因此，将 3 μL cDNA 与 0.5 μg 载体连接相当于插入片段与载体的比例为 3 : 1。

我们推荐设立与目的插入片段平行的阳性对照反应，以检验连接、包装和铺板的效率。为了测定非重组噬菌体的背景，可以另外设立一组没有插入片段的反应。

（1）在一个 0.5 mL 或 1.5 mL 灭菌的离心管中加入表 2-3 中的试剂（最后加入连接酶），设立连接反应。

表 2-3　灭菌离心管的试剂成分及其对应体积

试剂成分	体积（μL）
插入片段（0.02~0.06 pmol），1 μL 阳性对照插入片段，或者没有插入片段的阴性对照	0~1.5
T7Select 系列载体臂（0.5 μg；0.02 pmol）	1
10×Ligase Buffer（连接酶缓冲液）	0.5
10 mmol/L ATP（注意终浓度是 1 mmol/L，这是推荐用于黏性末端连接的）	0.5
100 mmol/L 二硫苏糖醇	0.5
无菌水	0~1.5
（0.4~0.6 Weiss 单位）T4 DNA 连接酶（如果有必要可以在 DNA 连接试剂盒配备的 Ligase Buffer 缓冲液中将酶稀释 10 倍）	1

(2) 上下轻柔吹打,然后在 16 ℃孵育 3~16 h。使用前置于 4 ℃储存。

3. 体外包装 进行体外包装时,连接产物可以直接加入 T7Select 包装提取物中。当提取物稀释的程度最低时,能获得最好的包装结果。提取物以 25 μL 的单次反应体积提供,而加入其中的连接产物的体积不应超过 5 μL。大文库需要按比例增加。

(1) 让 T7Select 包装提取物在冰上融化。25 μL 的提取物在不损失效率的情况下最多可以包装 1 μg 的载体 DNA。提取物可以再细分到几个预冷的管子中,用于同时测试多个 DNA 样品。如果进行小规模的包装试验,所添加连接产物的量必须按比例减少。

(2) 每 25 μL 提取物加入 5 μL 连接产物,然后利用移液枪头轻柔搅拌混匀,不要涡旋。系统中也提供了一小管 T7Select 包装对照 DNA,在单独测试包装效率时,向 25 μL 提取物中加入 0.5 μg 对照 DNA。

(3) 室温(22 ℃)下孵育 2 h。

(4) 加入 270 μL 灭菌 LB 或 TB 培养基以终止反应。如果包装产物要在扩增前存储超过 24 h,则加入 20 μL 氯仿并轻柔颠倒混匀。包装产物在 4 ℃条件下最长能够储存 1 周的时间且不引起明显的滴度损失。对于长期储存,包装好的噬菌体必须经过平板或液体培养基方法的扩增。

(5) 通过噬菌斑试验测定生成的重组子的数量。

在使用 T7Select 系统时,包装好的文库在生物筛选前必须通过平板或液体培养基的方法进行扩增。扩增对于克隆序列的表达及其在噬菌体颗粒表面的展示是必要的。这也同样适用于使用阳性对照插入片段分析 S · Tag™ 多肽在噬菌体表面的展示。

4. 噬菌斑试验

(1) 在 M9TB 培养基中接种合适的宿主菌,37 ℃振荡培养至 OD_{600} 达到 1.0。

(2) 宿主菌在需要使用前保存于 4 ℃,但不要使用储存时间大于 48 h 的宿主菌。

(3) 每个稀释样品的铺板需要 5 mL 顶层琼脂糖,熔化足够体积的顶层琼脂糖并转移到 45~50 ℃的水浴中。

(4) 用灭菌的 LB 或 TB 培养基配制一系列稀释的样品。一般来说,重组噬菌体的适宜稀释度为 10^3~10^6。当使用 T7Select 包装对照 DNA 时,稀释度应为 10^7。在 990 μL 培养基中加入 10 μL 样品,可以得到初始的 1∶100 稀释样品。对于连续系列稀释,向 900 μL 培养基中加入 100 μL 的 1∶100 稀释样品(10^3 稀释度),然后向 900 μL 培养基中加入 100 μL 的 10^3 稀释样品(10^4 稀释度),以此类推。

(5) 准备一系列 4 mL 的无菌管子,每管加入 250 μL 宿主菌。从最高稀释度开始,向每管中加入 100 μL 噬菌体稀释样品。确保不同的样品之间更换枪头,以避免交叉污染。

(6) 向每管加入 3 mL 顶层琼脂糖,将管中内容物混匀后立即倒在 37 ℃预热的 LB(LB/羧苄西林,或 LB/羧苄西林/卡那霉素)培养基平板上。立即轻柔地旋动平板以使琼脂糖均匀展开。

(7) 让平板静置几分钟,直到顶层琼脂糖变硬,然后倒置于 37 ℃培养 3~4 h 或室温过夜。

(8) 对噬菌斑进行计数并计算噬菌体滴度。噬菌体滴度以每单位体积的噬菌斑形成单位(plaque forming units, pfu)表示,是平板上噬菌斑的数量乘以稀释倍数再乘以 10。例如,如果在一个平板上有 200 个噬菌斑,稀释倍数为 10^6,那么样品的滴度为 $200×10^6×10=2×10^9$ pfu/mL。样品中噬菌体的总数等于滴度乘以样品的总体积。例如,如果样品是使用 1 μg 载体 DNA 得到的包装产物,其终体积是 0.3 mL(25 μL 包装提取物+5 μL 连接产物+270 μL 灭菌培养基),则包装产物中噬菌斑形成单位的总数是 $2×10^9$ pfu/mL×0.3 mL=$6×10^8$ pfu。另外,因为使用了 1 μg 载体,包装效率为 $6×10^8$ pfu/μg。

(三) 扩增文库

在生物筛选前进行一轮扩增是很有必要的。根据文库的大小和复杂度,文库扩增有两种基本的方法。对于初始重组子的总数少于 $5×10^6$ 的 cDNA 或其他文库,平板溶菌产物是首选的方法。当扩增较大文库时,鉴于操作方面的原因,需要采用液体溶菌产物的方法。

1. 平板溶菌产物扩增

(1) 将 1 mL 合适宿主菌的过夜培养物接种到 50 mL TB 液体培养基中,37 ℃振荡培养至 OD_{600} 达到 0.6~1。如果使用 BLT5615 宿主菌,当 OD_{600} 达到 0.5 时加入 IPTG 至终浓度 1 mmol/L 并继续振摇 30 min。

(2) 如果包装产物与氯仿一起储存,在微量离心机中短暂离心管子以分离出氯仿。吸取噬菌体的时候弃掉氯仿。

(3) 计算所需宿主菌和噬菌体的数量,其比例应为每 10 mL 细菌 1×10^6 个噬菌体。在无菌的 50 mL 管子中将噬菌体(包装产物)与宿主菌混合,此混合物必须在 20 min 内进行铺板。

(4) 灭菌的 15 mL 管子,每管加入 1 mL 噬菌体/宿主菌混合物。

(5) 向每管中加入 10 mL 熔化的顶层琼脂糖(45~50 ℃),将管中内容物混匀后立即倒在 150 mm 的 LB(LB/羧苄西林,或 LB/羧苄西林/卡那霉素)培养基平板上。轻柔旋动平板以使顶层琼脂糖均匀展开。

(6) 将平板静置在水平面上,以使顶层琼脂糖凝固。然后倒置培养直至噬菌斑即将汇合(37 ℃ 3~4 h 或室温过夜)。

(7) 洗脱噬菌体:每个平板以 10 mL 噬菌体提取缓冲液(Phage Extraction Buffer, 20 mmol/L Tris-HCl, pH 8.0, 100 mmol/L NaCl, 6 mmol/L $MgSO_4$)覆盖,4 ℃放置于水平面上 2~12 h。

(8) 稍微倾斜平板,将液体吸至无菌容器中,把所有平板的提取液合并到一根管子或瓶子中,收集噬菌体。加入 0.5 mL 氯仿并轻轻搅拌混匀。3 000×*g* 离心 5 min 使溶菌产物变澄清,将上清液转移到无菌的管子或瓶子中。通过噬菌斑试验测定扩增文库的滴度。扩增文库的溶菌产物可以在 4 ℃条件下保存数月而不损失滴度。对于长期储存,加入 0.1 体积灭菌的 80%甘油混合后冻存在-70 ℃条件下。

2. 液体溶菌产物扩增(500 mL)

(1) 挑取新鲜划线的平板单菌落接种到 50 mL 添加合适抗生素的 LB 液体培养基中,37 ℃振摇过夜。宿主菌使用前在 4 ℃条件下最多可以储存 2 天。

(2) 在 500 mL LB(LB/羧苄西林,或 LB/羧苄西林/卡那霉素)培养基中加入 5 mL 过夜培养菌液,培养至 OD_{600} 达到 0.5~1。如果使用 BLT5615 菌株,当 OD_{600} 达到 0.5 时加入 IPTG 至终浓度 1 mmol/L 并继续振摇 30 min。按照以下公式计算培养液中的细菌数目:

$$\text{细菌总数}=OD_{600}\times4\times10^8\times\text{菌液体积(mL)}$$

(3) 用噬菌体文库侵染菌液,使感染复数(multiplicity of infection, MOI)为 0.001~0.01(即每噬菌斑形成单位噬菌体侵染 100~1 000 个细菌)。重要的是,培养液中的细菌要过量,以防止所有的宿主菌发生快速裂解。例如,500 mL 的宿主菌培养液,如果 OD_{600} 为 0.75,则其细菌总数 $=0.75\times4\times10^8\times500=1.5\times10^{11}$,可以使用 $1.5\times10^8\sim1.5\times10^9$ pfu 的噬菌体去侵染。

(4) 37 ℃振荡培养1~3 h至能够观察到细菌裂解。细菌裂解会导致培养液的 OD_{600} 发生肉眼可见的降低,以及培养基中细长裂解碎片的积累。一旦观察到裂解就停止培养。长时间培养会导致溶菌产物滴度的下降。

(5) 8 000×*g* 离心10 min使溶菌产物变澄清,将上清液倒入无菌瓶中。通过噬菌斑试验测定溶菌产物的滴度。

(6) 扩增文库的溶菌产物可以在4 ℃保存数月而不损失滴度。对于长期储存,加入0.1体积的灭菌80%甘油混合后冻存在-70 ℃条件下。

3. T7Select 阳性对照插入片段的使用/噬菌斑印迹分析 试剂盒中的T7Select对照插入片段编码15个氨基酸的S·Tag™序列,其与S蛋白高亲和力结合。当克隆到T7Select415-1、T7Select10-3或T7Select1-1载体的*Eco*R Ⅰ/*Hin*d Ⅲ载体臂中时,产生的框内融合蛋白将会在噬菌体表面展示S·Tag多肽。

当使用T7Select415-1或T7Select10-3载体时,利用辣根过氧化物酶(horseradish peroxidase, HRP)偶联的S蛋白和化学发光底物可以很容易地检测到重组噬菌斑。检测表达S·Tag多肽的T7Select10-3噬菌斑需要更长的曝光时间。由于所展示的拷贝数较低,T7Select1-1载体中的插入片段不能用这种实验方法检测。当使用T7Select对照插入片段和T7Select1-1载体时,可以通过PCR来区分重组和非重组噬菌斑。通过噬菌斑印迹检测T7Select415-1 S·Tag重组子的方法步骤将在下文中说明。对于在T7Select415-1或T7Select10-3中表达的其他配体,也可以将该噬菌斑印迹方法适当修改后,使用对应的配体特异性的试剂进行检测。

按照此方法,表达S·Tag多肽的T7Select415-1重组噬菌斑会在10 min的曝光时间内产生极强的信号,而T7Select10-3重组子产生的信号则较弱,对应于其较低的拷贝数(平均10/噬菌体与415/噬菌体)。对于这两种载体,重组子应该都很容易与缺乏插入片段的非重组噬菌斑区分开来。通过比较噬菌斑印迹中阳性噬菌斑的数目与平板中噬菌斑的总数,可以测定非重组噬菌体的背景水平。T7Select系列*Eco*R Ⅰ/*Hin*d Ⅲ载体臂与对照插入片段连接产物的非重组背景一般在0.15%~1.5%。

噬菌斑印迹实验方法:

(1) 在进行噬菌斑转印前将平板置于4 ℃条件下预冷1 h,以尽量避免顶层琼脂糖粘在膜上。使用含有500~1 500个噬菌斑的平板和硝酸纤维素膜

(如 Whatman 公司的 Protran™ 膜)进行噬菌斑印迹实验。噬菌斑在很小的时候(直径为 0.5～1 mm)就可以进行筛选。

小心地将膜覆盖在平板上(戴手套并从边缘接触)。稍微弯曲印迹膜，使其中心先接触平板。膜放下后，用针孔或墨迹将膜与平板对齐。接触 1 min 后，小心地从平板上揭下印迹膜。平板保存在 4 ℃，可用于两轮重复印迹实验且无明显信号丢失。

(2) 将印迹膜倒置在保鲜膜上，让其自然风干 10～20 min。

(3) 配制 200 mL 1×TBST：将 20 mL 10×TBST 与 180 mL 去离子水混合。

(4) 以 1×TBST 配制 5%封闭液(5 g/100 mL)，通常 25～50 mL 的封闭液足够处理最多 10 张 82 mm 的印迹膜。

(5) 将膜浸入封闭液中，轻轻摇动封闭 30 min。

(6) 以 1×TBST 配制 S 蛋白-辣根过氧化物酶偶联物稀释溶液(1：5 000)，并用足够的溶液完全覆盖印迹膜。室温孵育 30 min。

(7) 用 25 mL 1×TBST 洗涤印迹膜 3 次，每次 5 min。

(8) 配制 SuperSignal 底物工作溶液：将 2×Luminol/Enhancer(鲁米诺/增强剂)和 2×Stable Peroxide Solution(稳定过氧化氢溶液)等体积混匀。制备足够的底物工作液，每张膜使用 0.5 mL。

(9) 将印迹膜从 TBST 洗涤液转移到干净的容器中。加入 SuperSignal 底物工作液并确保整张膜都被浸湿。室温孵育 1～2 min。

(10) 将印迹膜从工作溶液中取出，放在显影夹中(确保膜是湿的，但不要滴水)。赶走塑料和印迹膜之间所有的气泡，清除封套外部多余的液体。

(11) 将 gLOCATOR™ 标签曝光 10～20 s，置于显影夹的外表面，并在标签上记录实验细节。

(12) 将显影夹和放射自显影胶片(如 Kodak OMAT AR)置于暗盒中，曝光 1～10 min(T7Select415-1 重组子)或 10～30 min(T7Select10-3 重组子)。注意胶片一旦放上后便不能移动，否则可能会产生多个图像。光输出会持续数小时。

主要参考文献

陆一鸣，江海龙，卞莹莹，等. 一种选择性 TNFR1 拮抗肽 SN10 及其在炎症性肠病中的应用：

ZL201710178897. 0. 2020-06-19.

陆一鸣，王洁，李安，等. 一种选择性 TNFR1 拮抗肽 SN10 及其在类风湿性关节炎中的应用：ZL201710178435. 9. 2020-06-05.

ARAP W，PASQUALINI R，RUOSLAHTI E. Cancer treatment by targeted drug delivery to tumor vasculature in a mouse model. Science，1998，279(5349)：377-380.

CHEONG F W，FONG M Y，LAU Y L. Identification and characterization of epitopes on plasmodium knowlesi merozoite surface protein-142 (MSP-142) using synthetic peptide library and phage display library. Acta Trop，2016，154：89-94.

DAI X，CAI C，XIAO F，et al. Identification of a novel aFGF-binding peptide with anti-tumor effect on breast cancer from phage display library. Biochem Biophys Res Commun，2014，445(4)：795-801.

DENG X，WANG L，YOU X，et al. Advances in the T7 phage display system(review). Mol Med Rep，2018，17(1)：714-720.

EDA K，EDA S，SHERMAN I W. Identification of peptides targeting the surface of plasmodium falciparum-infected erythrocytes using a phage display peptide library. Am J Trop Med Hyg，2004，71(2)：190-195.

GHOSH A K，RIBOLLA P E，JACOBS-LORENA M. Targeting plasmodium ligands on mosquito salivary glands and midgut with a phage display peptide library. Proc Natl Acad Sci U S A，2001，98(23)：13278-13281.

HAN Z，ZHOU Z，SHI X，et al. EDB fibronectin specific peptide for prostate cancer targeting. Bioconjug Chem，2015，26(5)：830-838.

HERNANDEZ-ROMANO J，RODRIGUEZ M H，PANDO V，et al. Conserved peptide sequences bind to actin and enolase on the surface of plasmodium berghei ookinetes. Parasitology，2011，138(11)：1341-1353.

JAYANNA P K，BEDI D，DEINNOCENTES P，et al. Landscape phage ligands for PC3 prostate carcinoma cells. Protein Eng Des Sel，2010，23(6)：423-430.

KIM S，KIM D，JUNG H H，et al. Bio-inspired design and potential biomedical applications of a novel class of high-affinity peptides. Angew Chem Int Ed Engl，2012，51(8)：1890-1894.

LAM C W，ABUBAKAR S，CHANG L Y. Identification of the cell binding domain in Nipah virus G glycoprotein using a phage display system. J Virol Methods，2017，243：1-9.

LARRALDE O G，MARTINEZ R，CAMACHO F，et al. Identification of hepatitis A virus mimotopes by phage display，antigenicity and immunogenicity. J Virol Methods，2007，140：49-58.

MIMMI S，MAISANO D，QUINTO I，et al. Phage display：an overview in context to drug discovery. Trends Pharmacol Sci，2019，40(2)：87-91.

OMIDFAR K，DANESHPOUR M. Advances in phage display technology for drug discovery. Expert Opin Drug Discov，2015，10(6)：651-669.

PANDE J，SZEWCZYK M M，GROVER A K. Phage display：concept，innovations， applications and future. Biotechnol Adv, 2010, 28(6): 849-858.

PASQUALINI R, KOIVUNEN E, RUOSLAHTI E. Alpha v integrins as receptors for tumor targeting by circulating ligands. Nat Biotechnol, 1997, 15(6): 542-546.

SAW P E, SONG E W. Phage display screening of therapeutic peptide for cancer targeting and therapy. Protein Cell, 2019, 10(11): 787-807.

SMITH G P. Phage display: simple evolution in a petri dish(Nobel Lecture). Angew Chem Int Ed Engl, 2019, 58(41): 14428-14437.

SMITH G P, PETRENKO V A. Phage display. Chem Rev, 1997, 97(2): 391-410.

SUN J, ZHANG C, LIU G, et al. A novel mouse CD133 binding-peptide screened by phage display inhibits cancer cell motility in vitro. Clin Exp Metastasis, 2012, 29(3): 185-196.

TAN Y, TIAN T, LIU W, et al. Advance in phage display technology for bioanalysis. Biotechnol J, 2016, 11(6): 732-745.

VEGA-RODRIGUEZ J, PEREZ-BARRETO D, RUIZ-REYES A, et al. Targeting molecular interactions essential for plasmodium sexual reproduction. Cell Microbiol, 2015, 17(11): 1594-1604.

WANG W, CHEN X, LI T, et al. Screening a phage display library for a novel FGF8b-binding peptide with anti-tumor effect on prostate cancer. Exp Cell Res, 2013, 319(8): 1156-1164.

YANG L, CEN J, XUE Q, et al. Identification of rabies virus mimotopes screened from a phage display peptide library with purified dog anti-rabies virus serum IgG. Virus Res, 2013, 174: 47-51.

ZAMBRANO-MILA M S, BLACIO K E S, VISPO N S. Peptide phage display: molecular principles and biomedical applications. Ther Innov Regul Sci, 2020, 54(2): 308-317.

ZHENG Z, JIANG H, HUANG Y, et al. Screening of an anti-inflammatory peptide from Hydrophis cyanocinctus and analysis of its activities and mechanism in DSS-induced acute colitis. Sci Rep, 2016, 6: 25672.

细菌表面展示技术

一、概述

自20世纪80年代Freudl团队建立第一个细菌表面展示体系以来，细菌表面展示技术迅速发展，已成为蛋白质应用的一门新技术，是噬菌体表面展示技术的有益补充。

与噬菌体展示系统相比，细菌表面展示肽库有其独特的优势。

（1）细菌细胞个体较大，可以方便地展示大分子量的蛋白。

（2）可用荧光激活细胞分选（fluorescence-activated cell sorting，FACS）技术进行更快速、更高效地筛选。与传统的生物淘洗技术相比，FACS技术具有高富集比、高阳性率的特点，而且克服了常规生物淘洗过程中由于筛选配基固定化而导致的亲和效应（avidity effect），使得筛选过程快速、简捷、精确。

（3）细菌细胞不需要其他宿主即可实现快速繁殖和独立存活，不仅简化了操作，还在一定程度上避免了其他干扰因素引起的漏选。

（4）细菌细胞不易在空气中传播，降低了交叉污染的风险。目前，细菌细胞表面展示技术在重组活菌苗、抗原表位分析、全细胞催化剂、新型生物吸附剂、生物燃料电池、蛋白质文库的构建与筛选及生物修复等多个生命科学领域展现出巨大的发展潜力（图3-1）。

细菌表面展示技术的发展历程：

1998年，Freudl团队将一段含22个氨基酸的多肽通过外膜蛋白锚定单位（pGINP21M）展示在大肠杆菌表面，pGINP21M在3′端有*Bam*HⅠ、*Sma* Ⅰ和*Eco*RⅠ等多个克隆位点，可取代终止密码子实现外源基因的亚克隆。

1999年，Georgiou团队将展示抗地高辛单链抗体的细菌与展示β-内酰胺酶

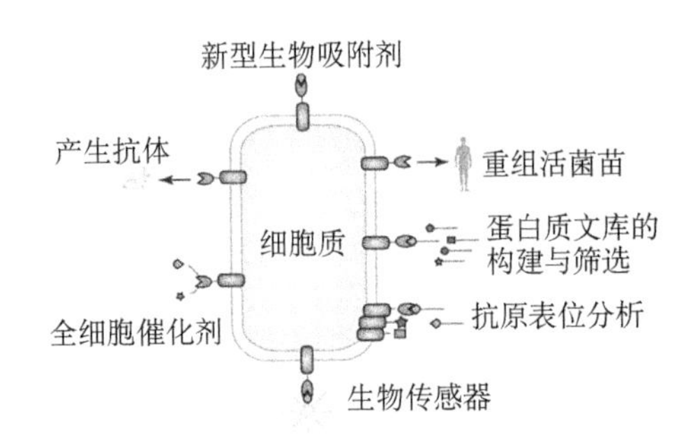

图 3-1　细菌表面展示技术的应用(Lee et al., 2003)

的细菌以 1∶10 混合,以 FITC 标记的地高辛为靶标,经过两轮筛选,阳性克隆达到 95%以上,这是利用 FACS 从微生物表面展示文库进行克隆筛选的首次尝试。

2002 年,Airi Palva 利用 S-层蛋白实现了多个位点和多种蛋白的插入——将脊髓灰质炎病毒抗原决定簇 VP1 和人类 *c-myc* 主要致癌基因的 c-Myc 抗原决定簇插入短乳杆菌 S-层亚基的多个插入位点。

2006 年,Bosma 等首次开发了一种基于细菌样颗粒(bacterium-like particles, BLPs)的非活性、非遗传修饰的新型乳酸菌表面展示技术,在黏膜疫苗的研发中显示出安全、高效的独特优势。作为新型抗原展示平台,目的蛋白通过融合锚钩蛋白(protein anchor, PA)牢牢地结合于肽聚糖骨架表面。

2010 年,Yang 等利用目前应用最为广泛的运载蛋白冰晶核蛋白,首次将同时表达甲基对硫磷水解酶(methyl parathion hydrolase, MPH)和有机磷水解酶(organophosphorus hydrolase, OPH)的质粒,通过双精氨酸移位途径和冰晶核蛋白表面展示技术,将其蛋白产物共表达在细胞外表面。MPH 和 OPH 为两种具有不同底物的酶,因此通过整合质粒,所表达的酶(MPH 和 OPH)活性提高了 6 倍,且对宿主菌的生长没有抑制。

2014 年,Kranen 等利用自转运蛋白和运载蛋白扩散性粘连黏附素-I(adhesin involved in diffuse adherence-I, AIDA-I)将洋葱假单胞菌(*Burkholderia cepacia*)的脂肪酶 A 及其特异性折叠酶 Lif,共展示到大肠杆菌的表面,全细胞脂肪酶活性达 2.73 mU/mL($OD_{578}=1$)。在标准洗涤剂测试中,这种脂肪酶全细胞催化剂和商品化的脂肪酶制剂具有相同的酯解酶活性。

二、原理

细菌表面展示是指利用 DNA 重组技术,将某一外源蛋白的编码基因与细菌表

面的锚定单元(anchoring motif)编码基因融合,继而在受体细胞中融合表达,最终稳定存在于宿主细胞表面,以达到科学研究或医学应用的目的,细菌表面展示技术原理具体见图3-2。将外源蛋白定位表达在细菌表面后,可以直接用重组微生物进行后续实验操作,免去了目的蛋白的提取、纯化等一系列复杂操作。另外,如果目的蛋白是抗原蛋白,那么抗原暴露在细胞表面将更有利于免疫系统的识别,细菌外膜上的脂多糖等成分还可以作为辅助因子发挥作用,增强免疫反应。

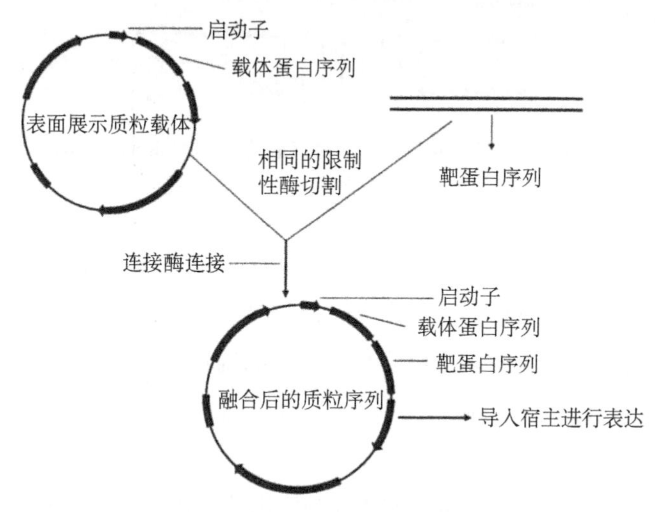

图3-2 细菌表面展示技术原理

细菌展示系统由运载蛋白、乘客蛋白和宿主菌构成。运载蛋白指能够引导乘客蛋白穿过细胞膜并将其锚定于外膜的蛋白,它是细菌表面展示体系构建成功与否及性能优劣的关键,一般应具有以下特性:①在结构上具有稳定的锚定单元,可与细胞表面特定部位识别,使靶蛋白得以固定在细胞表面;②具有引导融合蛋白穿越细胞质膜的信号肽序列或转运信号;③与外源蛋白的融合不会改变其本身的稳定性;④不易被细胞内外蛋白酶降解。运载蛋白的结构和性能差异决定了构建细菌表面展示体系有3种方式,即三夹板融合式、N端融合式和C端融合式(图3-3)。同时又存在单一式和组合式。

三夹板融合式是最常见的一种方式,它主要适用于3种类型的蛋白:外膜蛋白、附属结构的亚基蛋白及S-层蛋白。在构建这类载体时,需要首先确定运载蛋白的空间结构,从而判断蛋白质的表面暴露位点,然后将外源蛋白的编码基因插入运载蛋白的基因编码序列中,最终得到镶嵌型的融合基因。融合基因表达

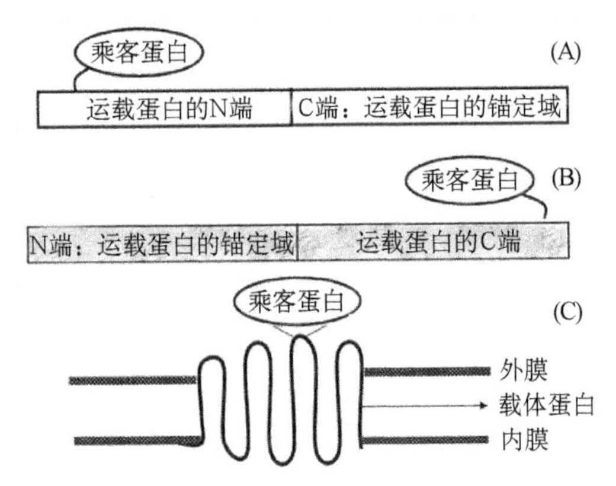

图 3-3 运载蛋白与乘客蛋白的 3 种交联方式(Tafakori et al., 2012)

(A)N 端融合式;(B)C 端融合式;(C)三夹板融合式

产生融合蛋白,融合蛋白按照野生型运载蛋白的结构信息折叠成相类似的结构,并正确参与随后的表面结构的组建过程,实现展示乘客蛋白的目的。N 端融合式指运载蛋白的 N 端与乘客蛋白的 C 端融合的构建方式,适合于 C 端具有引导与定位功能的蛋白质。C 端融合式指乘客蛋白锚定在运载蛋白的 C 端,运载蛋白的 N 端插入膜中。

展示在细胞表面的乘客蛋白的活性和应用特性在一定程度上受上述 3 种融合表达方式的影响。融合蛋白可以通过共价键和非共价键连接的方式固定在细胞表面。

(一) 运载蛋白

1. *细胞膜孔道蛋白* 是较早用于展示系统的运载蛋白,如外膜蛋白 A (outer membrane protein A, OmpA)、外膜蛋白 C(outer membrane protein C, OmpC)和麦芽糖孔蛋白(maltoporin, LamB)等。OmpA 是一系列遗传关系相近的、热修饰的、表面暴露的高拷贝膜蛋白或孔蛋白,主要存在于革兰氏阴性菌的细胞外膜中,其特征是在 N 端形成一个反向的 β-桶状结构(β-桶状结构是一个很大的 β-折叠,由折叠和无规卷曲构成封闭的结构,这种结构多见于孔蛋白),且此结构埋入外膜中;C 端形成球状并位于周质间。OmpC 结构中同样含有由 16 个反向 β-链形成的 β-桶状结构,在细胞外膜上的数量大,且氨基酸序列保守性不强,即使经过一定程度剪切也不影响其稳定性,适合外源蛋白插入,形成三

夹板融合式融合蛋白。LamB 是革兰氏阴性菌外膜蛋白 Porin 家族成员，其中三维结构显示 Loop 9(N 端第 375~405 位氨基酸) 是暴露最大的环，适于外源蛋白插入。另外，LamB 拥有由约 16 股 α-螺旋构成的孔形通道，可以通过被动扩散的方式转运不同类型的蛋白。脂蛋白是另一种外膜蛋白，借氨基端的脂质部分锚定在外膜上。将大肠杆菌主要脂蛋白(lipoprotein, Lpp) N 端的前 9 个氨基酸与 OmpA 的 46~159 位氨基酸(包含转膜区 B3~B7)融合得到的一种杂合运载蛋白，即 Lpp′-OmpA(图 3-4)，Lpp′-OmpA 表现出更高的运载和展示活性，目前已得到了广泛的应用。

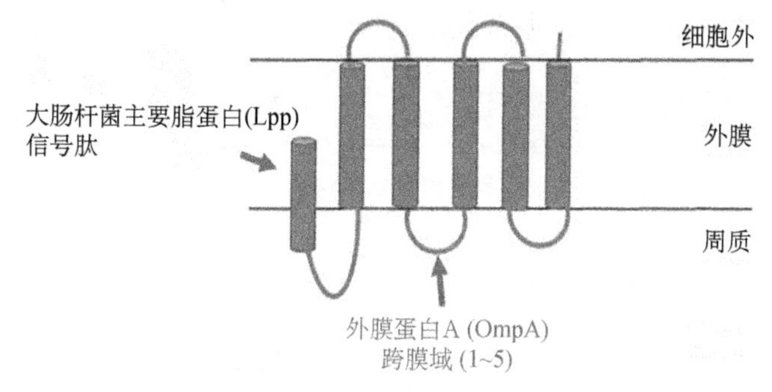

图 3-4　Lpp′-OmpA 结构示意图(Vahed et al., 2020)

2. 冰晶核蛋白(ice nucleation protein, INP)　是目前细菌表面展示系统中经典的运载蛋白，属于 C 端融合锚定类型，是存在于荧光假单胞菌、丁香假单胞菌、黄单胞菌属和欧氏杆菌等细菌种属中的一种分泌性的外膜蛋白。INP 由连续的八肽(Ala-Gly-Tyr-Gly-Ser-Thr-Leu-Thr)重复单元构成，分为 3 个结构域(图 3-5)：①N 端结构域(约占序列 15%)，相对疏水，通过甘露聚糖-磷脂酰肌醇(mannan-phosphatidylinositol)锚定于细胞表面；②C 端结构域(约占 4%)，含有丰富的碱性氨基酸残基，具有高度亲水性，主要作用是阻止重复单元折叠结构的展开和参与冰晶的形成，其缺失不影响 INP 的跨膜运输和膜外锚定；③中间重复单元结构域，处于冰核活性的中心，诱导冰晶的形成。中间重复单元不参与 INP 的膜外锚定，因此是外源蛋白和膜蛋白的理想间隔单元。

3. 自转运蛋白(autotransporter protein)　是革兰氏阴性菌中一个包含 1 000 多个成员的蛋白家族，具有保守的结构特征：由 N 端的信号肽结构域、中间承担自转运蛋白生理功能的乘客结构域和 C 端转运单元结构域组成。大部分自转运蛋白的信号肽均由 3 部分组成，带电的 N 区、疏水的 H 区和 C 区、一个信号

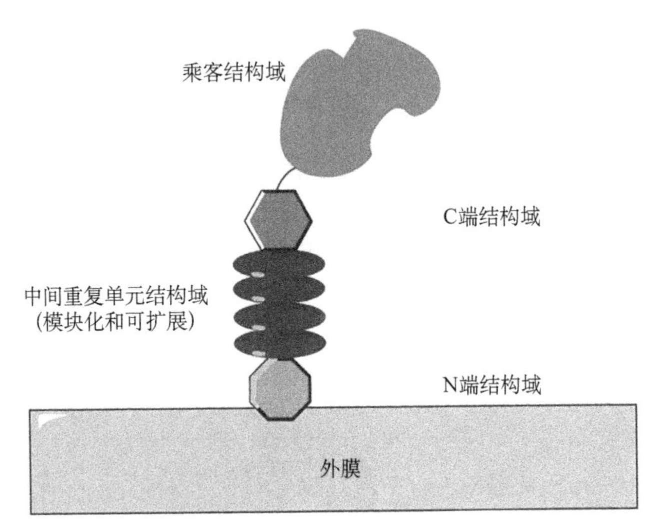

图 3-5　冰晶核蛋白细菌表面展示结构域示意图(Edwin et al., 2011)

肽酶的识别位点。sec 分泌子(sec translocon)能够识别信号肽疏水的 N 区和 H 区,并相互作用,引导多肽链穿过内膜进入周质空间,随后在信号肽酶的作用下,切除信号肽。转运单元结构域在外膜与一些特有的外膜蛋白形成一个复合桶状通道结构,乘客结构域便可通过该通道被转运至膜外。转运后的乘客结构域定位于细菌表面或通过自酶切作用分泌至胞外发挥蛋白功能。

4. S-层蛋白(surface-layer protein, Slp)　又称表层蛋白,是多数细菌和古细菌外表面覆盖的一类蛋白(图 3-6),由蛋白质或糖蛋白亚基组成,呈规则晶格状排列。S-层蛋白的表达量高,一般可达整个细胞蛋白的 10%~15%,且具有高效的信号肽和表面定位结构,能够准确地定位在细胞表面。通过 S-层基因与目的基因融合,可使异源蛋白质(或多肽)展示到细菌表面。

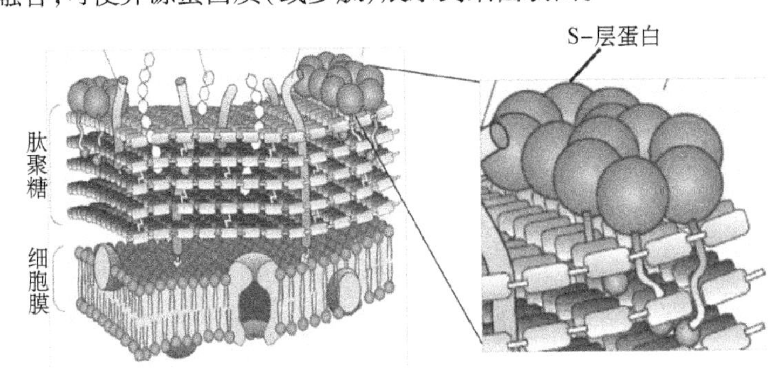

图 3-6　S-层蛋白位置图(王慧芳等,2020; Panwar et al., 2017)

5. *细菌表面附属物* 如鞭毛和菌毛(性毛)等也可以作为运载蛋白。鞭毛主要由若干拷贝 Fli C 蛋白与其他成分构成,其两端高度保守,而中间超变区可由外源蛋白代替用来构建表面展示体系,同时鞭毛保持原有的功能不变。但是,因为中间超变区的大小有限,所以插入的外源基因的大小受到一定的限制。菌毛是长细丝状的细菌附着物,由约 1 000 个主要的亚基菌毛蛋白和一些对附着、组装有重要作用的小蛋白组成,形成一个螺旋筒状结构。每个细胞含有约 500 根菌毛,菌毛蛋白含有超变区且可用于插入靶蛋白。菌毛在细胞表面数量巨大,可产生强烈的免疫反应,具有附着和易于纯化的特性,在疫苗开发和文库构建上具有优势。

6. *其他类型的运载蛋白* 细胞壁相关蛋白 SPA 和 LPXTG 五肽结构模块也可发挥运载功能。SPA 的 N 端含有信号肽,C 端为细胞壁分选信号区,该区含有一个重复序列,具有与细胞壁肽聚糖相结合的性质;LPXTG 结构模块中的苏氨酸(Thr)与甘氨酸(Gly)之间的肽键被蛋白酶水解后,可共价连接到细胞壁的表面受体上。

此外,细胞中存在的大量分子伴侣也可用于表面展示。

(二)乘客蛋白

乘客蛋白指天然的或根据自身研究需求设计的外源功能蛋白,在宿主细胞内表达,借助运载蛋白完成跨膜转运后锚定于细胞表面并行使特定功能的蛋白。乘客蛋白会影响融合蛋白的分泌、跨膜运输、细胞表面的定位,从而影响最终的展示效果。因此,乘客蛋白的选择直接关系到细胞表面展示体系功能的优劣。好的乘客蛋白除了大小合适外,还需要注意二硫键、带电荷基团、疏水性基团等对其跨膜分泌的影响及功能活性中心与融合位点的距离等问题。

(三)宿主菌

宿主菌的遗传背景也是影响展示系统性能的关键因素。宿主菌应对异源蛋白具有很好的兼容性和较低的蛋白酶降解活性,同时应具有易培养或利于展示等特性。目前,常用于细菌表面展示的宿主菌有大肠杆菌、乳酸菌、黄单胞菌、恶臭假单胞菌和芽孢杆菌等,可根据不同研究目的和应用方向进行选择,常见宿主菌种类、载体蛋白、应用和优势等信息见表 3-1。宿主菌具有各自的优劣,在选用时要考虑运载蛋白与乘客蛋白的相容性,包括是否会影响乘客蛋白的活性、乘客蛋白大小是否超出宿主菌的展示能力范围等因素。

表 3-1 不同宿主菌的种类、载体蛋白、应用及优势(向红英等,2019)

宿主菌	种类	载体蛋白	应用	优点
脑膜炎奈瑟菌	脑膜炎奈瑟菌荚膜缺陷型 HB-1	fHbp	疫苗的开发与传递	特殊疾病的疫苗开发与传递,可作为佐剂引起免疫应答
乳酸菌	乳酸杆菌、乳酸球菌	PgsA、BmPA、M6	生物活性物质的表达和输送	生物安全性高、适应性强,可直接输送生物活性物质至胃肠道黏膜
大肠杆菌	DH5α、BL21(DE3)、JM109、HB101	OmpC、OmpS、Lpp′-OmpA、INP 等	蛋白质表达、生物传感器开发和酶抑制剂筛选等	种类繁多、遗传背景研究透彻、周期短、应用范围广
恶臭假单胞菌	假单胞菌 KT2440P	MATE	生物燃料、高温水解酶的生产	耐高温、能耐受各种毒素和有机溶剂等不利因素
芽孢杆菌	枯草芽孢杆菌、克劳枯草芽孢杆菌、蜡样芽孢杆菌等	CotB、CotC、CotG 等	酶的固定化及表面展示药物、酶和疫苗等	稳定性高,对热、辐射和化学物质的抵抗力强,遗传信息明确,操作技术成熟,分离纯化简单
真氧产碱杆菌	真氧产碱杆菌 H16	FhuA、IgA OmpA 等	全细胞生物催化剂及生物修复	具有优异的催化活性,可重复利用

三、细菌展示系统

革兰氏阴性菌细胞壁与革兰氏阳性菌细胞壁结构的区别(图 3-7)导致了载体蛋白的不同,因此将细菌表面展示系统分为革兰氏阴性菌表面展示系统和革兰氏阳性菌表面展示系统两种。

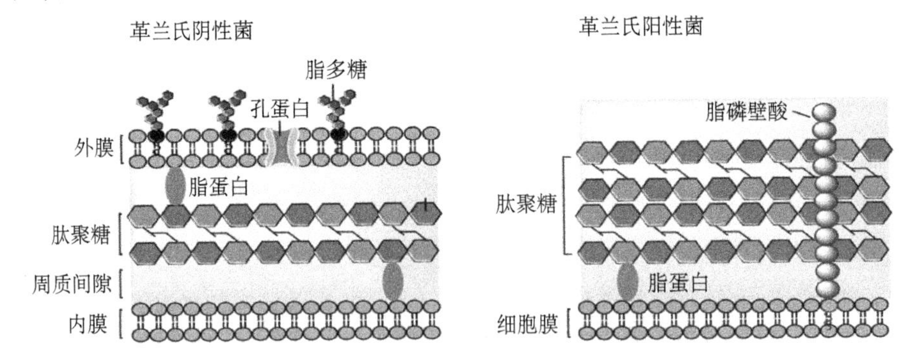

图 3-7 革兰氏阴性菌和革兰氏阳性菌细胞壁结构的区别
(Malanovic et al., 2016; Brown et al., 2015)

（一）革兰氏阴性菌表面展示系统

革兰氏阴性菌细胞膜有三层结构，主要是外膜、肽聚糖层和周质间隙或内膜。其中，外膜是由磷脂内层和脂多糖外层构成的生物膜，是蛋白质出入细胞的重要屏障。脂蛋白附于磷脂内层和肽聚糖层之间。部分与两者共价相连，称为与肽聚糖相连的脂蛋白（PAL）。肽聚糖层附于内膜外侧，内膜含有一种典型的磷脂双分子层结构。目前，其外膜蛋白、脂蛋白、鞭毛、菌毛、自体转运蛋白及S-层蛋白已被广泛作为运载蛋白来展示外源蛋白。图3-8展示了已开发出的革兰氏阴性菌表面展示系统，这些系统大部分已申请美国、欧洲及世界知识产权组织专利。

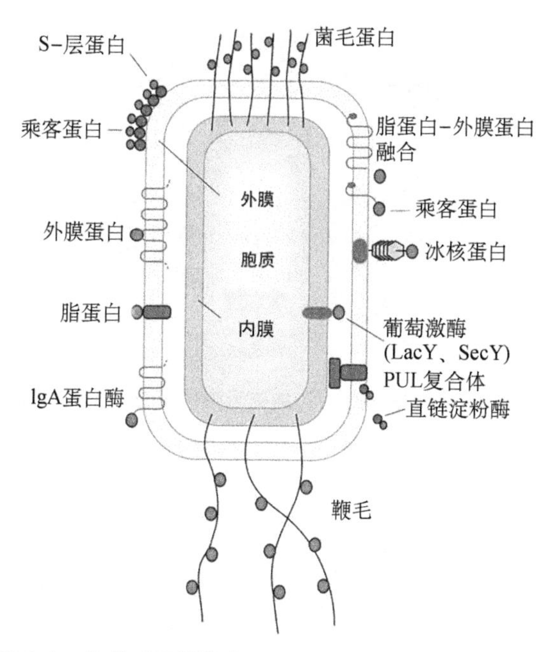

图3-8　革兰氏阴性菌表面展示系统（Lee et al., 2003）

在所有开发和研究的细菌展示系统中，应用最广泛的一个系统是Lpp′-OmpA系统，它是Georgiou等在1992年构建的，他们利用Lpp′-OmpA融合子成功地将β-内酰胺酶展示到大肠杆菌表面。大肠杆菌是最常见的革兰氏阴性菌，它的培养传代简易、转化效率高、繁殖成本低，是表达展示系统最理想的宿主。该系统的锚定单元由两部分组成：①大肠杆菌主要外膜脂蛋白信号肽及N端的9个氨基酸，用来定位蛋白到细胞外膜的内表面；②大肠杆菌外膜蛋白 OmpA 的 46~159 位氨基酸包含跨膜区(B3~B7),其作用是用来引导蛋白通过外膜,从而定位蛋白到细胞表面。外源蛋白与此系统的 C 端融合(图 3-9)。由于该系统避免了三夹板式融合表达对外源蛋白的诸多限制,使得以大肠杆菌为宿主菌的展示系统表达的外源蛋白大小能达到 70 kDa。利用该系统进行表面展示还有很多优点,如 Lpp′-OmpA 系统具有高效的分泌信号肽和独特的跨膜结构,提供了合适的乘客蛋白融合位点,而且其坚固的锚定结构能够准确地将外源蛋白定位在细胞表面。

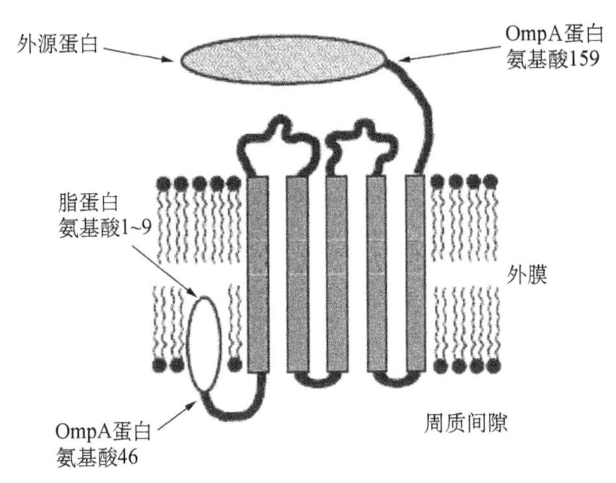

图 3-9 Lpp′-OmpA 在外膜上的结构示意图(Sandkvist et al., 1996)

(二) 革兰氏阳性菌表面展示系统

革兰氏阳性菌外壳由单层膜和包裹单层膜的厚层细胞壁构成。革兰氏阳性菌细胞壁的化学组成比较单一,肽聚糖含量达 90%,而脂磷壁酸只占 10%的比例。目前,已发现构成革兰氏阳性菌细胞壁的蛋白质种类超过了 100 种。这些细胞壁蛋白都具有相同的保守特质即 N 端含有一个引导细胞壁蛋白穿过细胞膜的信号肽和 C 端含有一个将细胞壁蛋白固定在细胞壁上的分选信号肽。

用于革兰氏阳性菌表面展示的运载蛋白包括跨膜蛋白、脂蛋白等细胞膜结合蛋白、与细胞壁非共价结合的蛋白、细胞壁共价结合的蛋白(图 3-10)。其中研究最多的是与细胞壁共价结合的蛋白,典型特征是含有特异性的由 32~38 个氨基酸组成的 C 端分选信号。

金黄色葡萄球菌蛋白 A(staphylococcal protein A, SpA)经常被用作模式系统来研究革兰氏阳性菌表面蛋白质的锚定机制。SpA 存在于 90%以上的金黄

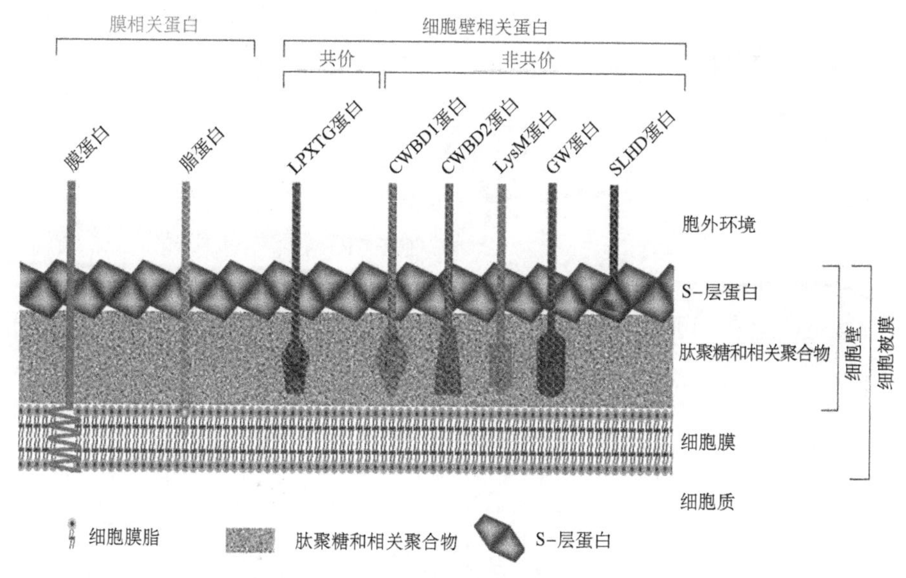

图 3-10 革兰氏阳性菌表面展示系统的运载蛋白的类型(Desvaux et al., 2006)

色葡萄球菌菌株的表面,在 Cowan Ⅰ株,每个细菌表面可有 80 000 个 SpA 分子,占细菌干重的 1.4%,细胞壁的 6%。SpA 是完全抗原,能够与人类 IgG1、IgG2 和 IgG4 的 Fc 段发生非特异性结合,形成的复合物具有抗吞噬、促细胞分裂、引起变态反应、损伤血小板等多种生物学活性。对 SpA 结构的研究表明,它由 N 端信号肽、5 个 IgG 结合区、脯氨酸和甘氨酸丰富区、与细胞壁相互作用的带电 X 区、C 端细胞壁分拣区(M 区)组成。其 M 区的结构具有以下典型特点:①含有转化酶切割位点的保守五肽 LPXTG 序列;②15~22 个氨基酸组成的疏水跨膜区;③6~7 个氨基酸的带电尾巴,可作为滞留信号防止多肽链分泌到周围基质中,是革兰氏阳性菌细胞壁锚定的通用信号。SpA 的 X 区、M 区与不同的插入序列和各种信号肽融合,在木糖葡萄球菌(*Staphylococcus xylosus*)、金黄色葡萄球菌(*Staphylococcus aureus*)、肉葡萄球菌(*Staphylococcus carnosus*)和乳酸球菌表面显示表达。插入的目的蛋白大小为 15~397 个氨基酸。

此外,枯草芽孢杆菌(*Bacillus subtilis*)的芽孢表面展示系统应用也颇为广泛。枯草芽孢杆菌是一种非致病性的革兰氏阳性菌,具有完整的基因组信息和成熟的分子克隆技术,便于重组芽孢的构建。同时,枯草芽孢杆菌是公认的益生菌,具有可靠的安全性,可广泛应用于食品和药品领域。芽孢表面展示是将外源蛋白或多肽与芽孢上的衣壳蛋白融合进而固定在芽孢表面,具体的展示过程见图 3-11。

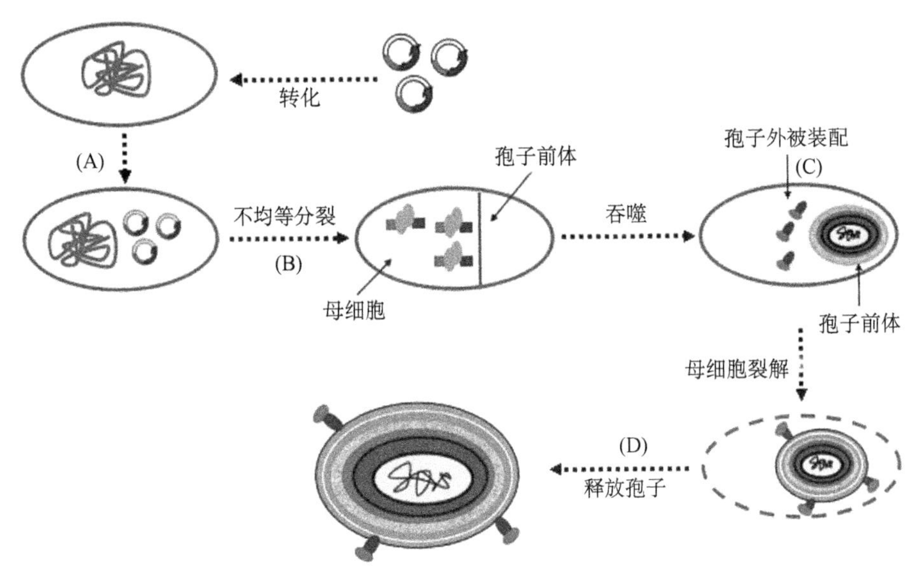

图 3-11　芽孢表面展示过程示意图(Wang et al., 2017)

(A)重组芽孢杆菌分化出孢子;(B)随着芽孢形成,棒状的细胞会进行胞质不等分裂,形成一个较大的母细胞和一个较小的孢子前体;(C)编码孢子外被蛋白的 *cot* 基因在母细胞内进行表达,后在孢子前体表面完成组装,使得孢子前体具备双层膜;(D)细胞溶解释放出成熟芽孢,异源蛋白得以展示

与其他表面展示系统相比,芽孢表面展示系统具有许多独特的优点:①外源蛋白在表面展示的过程中不需要穿过细胞膜,提高了外源蛋白的折叠效率和展示效率;②可展示分子量较大的蛋白质和多聚体蛋白;③芽孢的制备和纯化方法简单易行,可有效节约生产成本;④芽孢独特的抗逆性可以提高融合蛋白的稳定性如热稳定性、耐有机溶剂等。枯草芽孢杆菌的芽孢表面展示系统实例见表 3-2。

表 3-2　枯草芽孢杆菌的芽孢表面展示系统实例(王贺等,2013)

分子载体	乘客蛋白	应用
CotB	破伤风毒素 C 片段和产气荚膜梭菌 α 毒素	制备疫苗免疫家禽
	T 细胞表位的免疫卵清蛋白与霍乱毒素 B 亚基的融合蛋白	优化启动子并证明能够展示外源融合蛋白

续　表

分子载体	乘客蛋白	应用
CotC	破伤风毒素C片段和大肠杆菌不耐热肠毒素B亚基	制备抗体
	人源胰岛素原	制备能用于治疗糖尿病的口服疫苗
CotG	链霉素	生物亲和素
	大肠杆菌β-半乳糖苷酶	生物催化剂
	ω-转氨酶	全细胞催化剂
CotD	植酸酶、β-葡萄糖醛酸酶	全细胞催化剂

革兰氏阳性菌与革兰氏阴性菌因其不同的结构特点而各有优缺点。①与革兰氏阴性菌相比,革兰氏阳性菌表面展示系统有相同或类似的表面锚定机制,允许大片段外源蛋白插入。②革兰氏阳性菌所展示的蛋白质只需要通过单个质膜层,大大提高了融合蛋白定位的准确率。而革兰氏阴性菌展示蛋白不仅要通过质膜层还要在外膜上正确整合,这对展示蛋白的结构和活性可能产生影响。③革兰氏阳性菌细胞壁较厚,因而更坚固且易于操作,但也因此造成膜蛋白不易暴露,导致转化效率低,不利于构建丰富度高的多肽库。另外,一些革兰氏阳性菌如枯草杆菌分泌大量蛋白酶,给应用带来困难。常用的表面展示目的菌有大肠杆菌、莫拉菌和假单胞杆菌等革兰氏阴性菌及葡萄球菌等革兰氏阳性菌。

四、应用

迄今,微生物表面展示系统在生物技术和微生物学的各种应用中取得了相当大的进步,如活性肽的筛选、活菌体疫苗的研制、生物修复、构建全细胞催化剂、研制新型生物传感器等。

(一)活性肽的筛选

从庞大的随机文库中筛选出目标蛋白或肽片段,对于得到高活性的突变酶或提高抗原决定簇的免疫能力具有重要意义。将靶蛋白展示到细菌表面,不但可以直接得到纯化的单克隆蛋白,而且可以通过特异性结合荧光标记双抗,利用FACS技术对其进行进一步筛选。Daugherty等在大肠杆菌表面展示单链抗体,并对其进行点突变建立突变体库,再利用流式细胞仪分选系统进行筛选,建立了一种高效筛选突变文库的方法。Kim等采用DNA改组(DNA shuffling）技术对枯草芽孢杆菌 BSE616 的纤维素酶基因进行改造，建立了大于 1×10^6 克隆的文库，通过菌落形态进行筛选，得到的最优菌株的纤维素酶活性比对照菌株高 5 倍。采用免疫学技术对复杂文库进行筛选具有较高的效率和灵敏性。Bessette 等将 15 个氨基酸的肽插入大肠杆菌外膜蛋白 OmpA 上，构建了含有 5×10^{10} 克隆的高容量文库，通过筛选得到含 7 个氨基酸保守序列的肽片段，对人血清白蛋白、抗 T7 抗原决定簇、人 C 反应蛋白、HIV-1 gp120 和碱性磷酸酶等都有很高的亲和性。

已经商品化的 Flitrx™ 细菌表面展示随机十二肽库（FliTrx™ random peptide library），主要用于抗原表位的筛选。此肽库也被用于筛选出转换（Switch）肽，通过控制 pH 和金属离子，这种 Switch 肽呈现与抗体的可逆结合，对于发展亲和层析分离制剂具有很好的应用前景。此外，研究人员还成功地从该肽库中筛选得到特异的肿瘤血管内皮结合肽，为肿瘤的靶向治疗和诊断提供了新途径。Daugherty 等利用错配 PCR，构建了与洋地黄毒苷具有高亲和力的 scFv 的随机突变库，并通过 Lpp′-OmpA 系统将其展示在大肠杆菌表面，最终利用 FACS 技术对库进行筛选，定量分析了突变频率对 scFv 抗体亲和力成熟的影响。

（二）活菌体疫苗的研制

活菌表面展示疫苗递送系统的研究是细菌表面展示最常见的应用之一。将病毒/病原菌的保护性抗原展示在一些弱毒或无毒菌株的表面，这些重组菌可以直接作为活菌疫苗来免疫动物或人体，从而达到抵抗疾病暴发的目的。相比于传统的亚单位疫苗，活菌表面展示疫苗制备简单，抗原无须经过细胞内提取和体外纯化、复性等复杂的过程，还可保护外源抗原在递送过程中免于被降解。此外，利用重组活菌疫苗进行免疫时，细菌表面展示的异源抗原蛋白在抗原特异性抗体应答中具有明显的优势，它将抗原展示在细菌表面，这样使呈现在细菌表面的抗原更容易被免疫系统识别。不仅如此，细菌本身还能发挥佐剂的功能，促进抗原提呈细胞对外源抗原的摄取，单次免疫后也会产生持久的免疫效果。目前，有两种策略用于活菌表面展示疫苗的开发，一种是利用减毒细菌来生产活菌表面展示疫苗，如沙门菌和牛分枝杆菌，沙门菌与牛分枝杆菌是非常有吸引力的外源蛋白活载体，能够引起抗病毒、细菌和寄生虫的体液和细胞免疫。利用 AIDA-Ⅰ将几乎全长的幽门螺杆菌尿素酶 A（urease A,

UreA）或 UreA 的一个 T 细胞表位同霍乱毒素 B 亚单位（cholera toxin B subunit, CTB）融合展示在减毒沙门菌表面，接种后，免疫小鼠幽门螺杆菌水平明显下降，而在沙门菌细胞质中表达 UreA 则没有效果。将耶尔森菌属热休克蛋白 Hsp60 的第 74～86 氨基酸（MHC-Ⅱ限制性表位），与 AIDA-Ⅰ和 CTB 融合，呈现在沙门菌表面，接种后，可诱导免疫小鼠产生 T 细胞反应，分泌干扰素-γ（interferon-γ, IFN-γ），促进脾 T 细胞增生。但将分枝杆菌和沙门菌作为活菌疫苗载体，需要考虑到在婴儿和无免疫应答人群中应用的安全性。另一种是在非致病性细菌或食品级细菌表面展示外源抗原，如大肠杆菌、乳酸菌和金黄色葡萄球菌等生产重组活菌疫苗。相比于应用减毒细菌生产活菌表面展示疫苗，利用非病原细菌生产活菌表面展示疫苗的安全性更高。但是，非病原细菌侵染宿主的能力不理想，导致其携带的外源抗原通常不能通过口服或外用的方式高效进入机体引起强烈的抗体反应。目前，可以通过展示具有黏附、侵染功能的蛋白达到协助非病原菌携带目的抗原蛋白高效穿过黏膜上皮的目的。

（三）生物修复

社会的快速发展带来一系列的环境和生态安全问题，传统的物理和化学处理方法存在诸多缺点，不但不能有效地将重金属的含量控制在允许的范围内，而且使用的一些化学试剂可能对环境造成二次污染。为了应对恶劣的生存条件，自然界中的微生物进化出了各种抵抗和调节机制来对抗高水平的有害异物。应用生物方法，将这些功能蛋白展示于细胞表面，通过离子交换、络合、吸收转化等机制清除环境中的重金属污染，既可以大大提高选择性结合能力，提高清除效率，又可以避免对环境的二次污染，是一种高效率、环保的生物进化方法。

部分已成功用于环境重金属富集的细菌表面展示系统列于表 3-3，相关展示策略为：①将载体蛋白序列插入合适表达载体中，然后在载体蛋白合适位点引入靶蛋白序列。外源靶蛋白在载体蛋白中的插入位点会影响载体蛋白的稳定性、三级结构，重金属吸附效率，以及相关蛋白的转录后修饰。选择一个合适的插入位点将大大提高靶蛋白的表达效率。②构建含信号肽-金属结合肽-外膜锚定区序列的表达载体系统。③目的基因在大肠杆菌中扩增验证，将在大肠杆菌中良好表达的信号肽-金属结合肽-外膜锚定区序列随机插入目的菌染色体中。

表 3-3　成功用于环境重金属富集的细菌表面展示系统

靶异源物	运载蛋白	乘客蛋白	宿主菌	参考文献
镉	Lpp′-OmpA	人工合成的植物络合素	大肠杆菌	BAE W, 2000
镉	S-层蛋白 RsaA	6His	新月柄杆菌	PATEL J, 2010
汞	INP	MerR	大肠杆菌	BAE W, 2003
汞	PA1	羧酸酯酶 E2	绿脓杆菌	YIN K, 2016
镍	FliC	十二肽	大肠杆菌	DONG J, 2006
有机磷	AIDA-Ⅰ	有机磷水解酶	大肠杆菌	NOMELLINI J F, 2007
有机磷	INP	有机磷水解酶	莫拉菌	SHIMAZU M, 2001
有机磷	INP	羧酸酯酶	大肠杆菌	ZHANG J, 2004

（四）构建全细胞催化剂

在酶的进化方法中,将酶展示在活细胞表面具有很大的优越性:底物不需要通过膜屏障就可以和酶相互作用。可省去酶的准备和纯化步骤,筛选到酶特异性突变体,同时获得其相应的基因序列。

（五）研制新型生物传感器

将酶、底物、抗原、抗体或其他信号敏感分子定位于微生物细胞表面有望开发新型生物传感器,如细菌表面展示木糖脱氢酶、葡萄糖脱氢酶等构筑传感器。细菌表面展示酶具有制备工艺简单、成本低、稳定性高等优点,并可使酶承受温度及抗金属腐蚀能力增强。例如,耐热性细菌表面展示酶和耐重金属微生物表面展示酶的研制,可以作为商品酶的替代品。

五、展望

细胞表面展示技术的应用领域已经大为拓展,但这一技术仍存在一定局限性。例如:①目前,能够在细菌表面展示的多为分子量相对较小的蛋白质,对于超过 500 个氨基酸的蛋白质展示效率很低。②目前所展示的主要是一些水解酶类或在结构上无须进行折叠的简单蛋白质,对于分子内部有二硫键结构或需要进行折叠的蛋白质往往不能实现功能性的展示。这主要是由于载体蛋白与乘客蛋白结构容易互相影响,一旦融合会干扰乘客蛋白的正确折叠,从

而降低其的活性。③外源蛋白的过量表达使得宿主菌无法正常生长代谢，甚至会导致宿主菌的死亡。④目前的细菌表面展示体系大多是基于质粒载体进行构建，这些质粒上的抗生素抗性基因使得构建的工程菌具有抗生素抗性，限制了细菌表面展示的推广应用。

虽然存在以上局限性，但随着微生物基因组学与蛋白质组学研究的广泛开展，对环境生长优势菌群遗传背景及细胞表面结构与功能的深入了解，人们将不断开发出能满足多种需要的细菌表面展示系统。

附录　细菌展示建库方法

1. DNA 重组　两侧为 NdeI 和 SfiI 识别位点的成熟蛋白 NlpA 的前导肽通过大肠杆菌 XL1-Blue 感受态细胞的全细胞 PCR 技术进行扩增，引物采用 5′-GAAGGAGATATACATATGAAACTGACAACACATCATCTA-3′ 和 5′-CTGGGCCATGGCCGGCTGGGCCTCGCTGCTACTCTGGTCGCAACC-3′。pMoPac1 的 pelB 前导序列被 NlpA 片段取代后得到 pAPEx1，特异性的单链抗体 scFv 插入其中。

2. PCR 扩增　PCR 模板通过 PvuⅡ消化质粒 pXLysCla3 得到，356bp 的 DNA 片段由以下两段引物扩增得到：5′-AATGAATTCGATCATCGTCGTATTGGCCTTTGC-3′ 和 5′-GAGGATCCTCCCGTGTTTCTTGTTCAGACAT-3′。两段引物的 5′端分别包含了 *Bam*HⅠ和 *Eco*RⅠ识别位点。

25 μL 的反应溶液包含 10 mmol/L Tris-HCl(pH 8.7, 25 ℃), 50 mmol/L KCl, 5 μg/mL 牛血清白蛋白，0.5 μmol/L 引物，600 pmol/L 的模板 DNA 和 2U *Taq* DNA 聚合酶。dNTP 的浓度范围为 0.1~10 nmol/L。

3. 宿主菌培养　经 pAPEx1 或 pAK200 衍生物改造的大肠杆菌 XL1-Blue 感受态细胞接种于 TB 培养基中(12 g 胰蛋白胨、24 g 酵母粉、9.4 g 磷酸氢二钾、2.2 g 磷酸二氢钾，pH 7.2)，补充 2% 葡萄糖和 30 μg/mL 氯霉素至 OD_{600} 为 0.1。培养完成后对细胞进行透化处理。将细菌重悬于 350 μL 的预冷溶液中(0.75 mol/L 蔗糖、0.1 mol/L Tris-HCl、pH 8.0 100 μg/mL 鸡卵溶菌酶)，随即缓慢加入 700 μL 1 mmol/L 的预冷乙二胺四乙酸(ethylenediamine tetracetic acid, EDTA)溶液，静置于冰上 10 min，再加入 50 μL 的 0.5 mol/L $MgCl_2$ 溶液，继续静置于冰上 10 min，然后重悬于含有 200 nmol/L 探针的 1× PBS 溶液中，室温静置 45 min 后可进行流式细胞术实验。

主要参考文献

方彩云,谢福莉,付玮,等. 利用细菌表面展示技术构建镉耐受性的重组根瘤菌. 应用与环境生物学报,2011,1:82-86.

路延笃,黄巧云,陈雯莉,等. 细菌表面展示技术及其在环境重金属污染修复中的意义. 生态与农村环境学报,2006,4:74-79.

王慧芳. 乳杆菌 S-层蛋白的肠道免疫调节功能及作用机制研究. 无锡:江南大学,2020.

AVALL-JÄÄSKELÄINEN S, KYLÄ-NIKKILÄK, KAHALA M, et al. Surface display of foreign epitopes on the lactobacillus brevis S-layer. Appl Environ Microbiol, 2002, 68(12): 5943-5951.

BAE W. Enhanced bioaccumulation of heavy metals by bacterial cells displaying synthetic phytochelatins. Biotechnol Bioeng, 2000, 70: 518-524.

BAE W, CHEN W, MULCHANDANI A, et al. Enhanced bioaccumulation of heavy metals by bacterial cells displaying synthetic phytochelatins. Biotechnol. Bioeng, 2000, 70: 518-524.

BAE W, CINDY H, KOSTAL J, et al. Enhanced mercury biosorption by bacterial cells with surface-displayed MerR. Appl. Environ. Microbiol, 2003, 69: 3176-3180.

BESSETTE P H, RICE J J, DAUGHERTY P S. Rapid isolation of high-affinity protein binding peptides using bacterial display. Protein Eng Des Sel, 2004, 17(10): 731-739.

BROWN C K, MODZELEWSKI R A, JOHNSON C S, et al. A novel approach for the identification of unique tumor vasculature binding peptides using an *E. coli* peptide display library. Ann Surg Oncol, 2000, 7(10): 743-749.

BROWN L, WOLF J M, PRADOS-ROSALES R, et al. Through the wall: extracellular vesicles in gram-positive bacteria, mycobacteria and fungi. Nat Rev Microbiol, 2015, 13(10): 620-630.

DAUGHERTY P S, CHEN G, IVERSON B L, et al. Quantitative analysis of the effect of the mutation frequency on the affinity maturation of single chain F v antibodies. PNAS, 2000, 97(5): 2029-2034.

DAUGHERTY P S, CHEN G, OLSEN M J, et al. Antibody affinity matu-ration using bacterial surface display. Protein Eng, 1998, 11(9): 825-832.

DAUGHERTY P S, OLSEN M J, IVERSON B L, et al. Development of an optimized expression system for the screening of antibody libraries displayed on the *Escherichia coli* surface. Protein Eng, 1999, 12(7): 613-621.

DERTZBAUGH M T. Genetically engineered vaccines: an overview. Plasmid, 1998, 39(2): 100-113.

DESVAUX M, DUMAS E, CHAFSEY I, et al. Protein cell surface display in gram-positive bacteria: from single protein to macromolecular protein structure. FEMS Microbiol Lett, 2006, 256: 1-15.

DONG J. Selection of novel nickel-binding peptides from flagella displayed secondary peptide

library. Chem Biol Drug Des, 2006, 68: 107-112.

DONG J, LIU C, ZHANG J, et al. Selection of novel nickel-binding peptides from flagella displayed secondary peptide library. Chem Biol Drug Des, 2006, 68: 107-112.

FRANCISCO J A, EARHART C F, GEORGIOU G. Transport and anchoring of beta-lactamase to the external surface of *Escherichia coli*. Proc Natl Acad Sci. USA, 1992, 89: 2713-2717.

FREUDL R, MACINTYRE S, DEGEN M, et al. Cell surface exposure of the outer membrane protein OmpA of *Escherichia coli* K-12. J Mol Biol, 1986, 188: 491-494.

GEORGIOU G, STEPHENS D L, STATHOPOULOS C, et al. Display of beta-lactamase on the *Escherichia colisurface:* outer membrane pheno-types conferred by Lpp′-OmpA′-beta-lactamase fusions. Protein Eng, 1996, 9(2): 239-247.

HARVEY B R, GEORGIOU G, HAYHURST A, et al. Anchored periplasmic expression, a versatile technology for the isolation of high-affinity antibodies from *Escherichia coli* expressed libraries. Proc Natl Acad Sci U S A, 2004, 101(25): 9193-9198.

HENDERSON I R, NAVARRO-GARCIA F, NATARO J P. The great escape: structure and function of the autotransporter proteins. Trends Microbiol, 1998, 6(9): 370-378.

JAN G, JESÚS A, LUCY R, et al. Autotransporter secretion: varying on a theme. Res Microbiol, 2013, 164(6): 562-582.

JOSE J, BERNHARDT R, HANNEMANN F. Cellular surface display of dimeric Adx and whole cell P450 mediated steroid synthesis on *E. coli*. J Biotechnol, 2002, 95(3): 257-268.

JO J H, HAN C W, KIM S H, et al. Surface display expression of *Bacillus licheniformis* lipase in *Escherichia coli* using Lpp'OmpA chimera. J Microbiol, 2014, 52(10): 856-862.

JUNG H C, PARK J H, PARK S H, et al. Expression of carboxymethylcellulase on the surface of *Escherichia coli* using *Pseudomonas* syringae ice nucleation protein. Enzyme Microb Technol, 1998, 22(5): 348-354.

KAWAHARA H. The structures and functions of ice crystal-controlling proteins from bacteria. Biosci Bioeng, 2002, 94(6): 492-496.

KIM Y S, JUNG H C, PAN J G. Bacterial cell surface display of an enzyme library for selective screening of improved cellulase variants. Appl Environ Microbiol, 2000, 66(2): 788-793.

KIM Y S, JUNG H C, PAN J G. Bacterial cell surface display of an enzyme library for selective screening of improved cellulase variants. Appl Environ Microbiol, 2000, 66(2): 788-793.

KRAMER U, RIZOS K, APFEL H, et al. Autodisplay: development of anefficacious system for surface display of antigenic determinants in Salmonella vaccine strains. Infect Immun, 2003, 71(4): 1944-1952.

KRANEN E, DETZEL C, WEBER T, et al. Autodisplay for the co-expression of lipase and foldase on the surface of *E. coli*: washing with designer bugs. Microb Cell Fact, 2014, 13: 19.

LEE J S, SHIN K S, PAN J G, et al. Surface-displayed viral antigens on Salmonella carrier

vaccine. Nat Biotechnol, 2000, 18(6): 645.

LEE S Y, CHOI J H, XU Z H. Microbial cell-surface display. Trends Biotechnol, 2003, 21(1): 45-52.

LEYTON D L, JOHNSON M D, THAPA R, et al. A mortise-tenon joint in the transmembrane domain modulates autotransporter assembly into bacterial outer membranes. Nat Commun, 2014, 5: 4239.

LEYTON D L, ROSSITER A E, HENDERSON I R. From self sufficiency to dependence: mechanisms and factors important for autotransporter biogenesis. Nat Rev Mic robiol, 2012, 10(3): 213-225.

LIANG B, LI L, TANG X, et al. Microbial surface display of glucose dehydrogenase for amperometric glucose biosensor. Biosens Bioelectron, 2013, 45: 19-24.

LILJEQVIST S, CANO F, NGUYEN T N, et al. Surface display of functional fibronecti binding domains on *Staphylococcus carnosus*. FEBS Letters, 1999, 446: 299-304.

LI L, KANG D G, CHA H J. Functional display of foreign protein on surface of *Escherichia coli* using *N*-terminal domain of ice nucleation protein. Biotechnol Bioeng, 2010, 85(2): 214-221.

LI L, LIANG B, LI F, et al. Co-immobilization of glucose oxidase and xylose dehydrogenase displayed whole cell on multiwalled carbon nanotube nanocomposite films modified electrode for simultaneous voltammetric detection of d-glucose and d-xylose. Biosens Bioelectron, 2013, 42: 156-162.

LI Q, YU Z, SHAO X, et al. Improved phosphate biosorption by bacterial surface display of phosphate-binding protein utilizing ice nucleation protein. FEMS Microbiol Lett, 2009, 299(1): 44-52.

MALANOVIC N, LOHNER K. Gram-positive bacterial cell envelopes: the impact on the activity of antimicrobial peptides. Biochim Biophys Acta, 2016, 1858(5): 936-946.

MCDERMOTT A J, HUFFNAGLE G B. The microbiome and regulation of mucosal immunity. Immunology, 2014, 142(1): 24-31.

MEUSKENS I, SARAGLIADIS A, LEO J C, et al. Type V secretion systems: an overview of passenger domain functions. Front Microbiol, 2019, 10: 1163.

NAKAJIMA H, SHIMBARA N, SHIMONISHI Y, et al. Expression of random peptide fused to invasin on bacterial cell surface for selection of cell-targeting peptides. Gene, 2000, 260(1-2): 121-131.

NEUTRA M R, KOZLOWSKI P A. Mucosal vaccines: the promise and the challenge. Nat Rev Immunol, 2006, 6: 148-158.

NOMELLINI J F, DUNCAN G, DOROCICZ I R, et al. S-layer-mediated display of the immunoglobulin G-binding domain of streptococcal protein G on the surface of Caulobacter crescentus: development of an immunoactive reagent. Appl. Environ. Microbiol, 2007, 73: 3245-3253.

PANWAR R, KUMAR N, KASHYAP V, et al. Insights into involvement of S-layer proteins of probiotic lactobacilli in relation to gut health. Octa J Environ Res, 2017, 5(4): 228-245.

PARTHASARATHY R, BAJAJ J, BODER E T. An immobilized biotin ligase: surface display of *Escherichia coli* BirA on *Saccharomyces cerevisiae*. Biotechnol Progr, 2005, 21(6): 1627-1631.

PATEL J, ZHANG Q, MCKAY R M, et al. Genetic engineering of Caulobacter crescentus for removal of cadmium from water. Appl Biochem Biotechnol, 2010, 160(1): 232-243.

PATEL J, ZHANG Q, VINCENT R, et al. Genetic engineering of *Caulobacter* crescentus for removal of cadmium from water. Appl. Biochem Biotechnol, 2010, 160: 232-243.

PAVLOVA O, PETERSON J H, IEVA R, et al. Mechanistic link between β barrel assembly and the initiation of autotransporter secretion. Proc Natl Acad Sci USA, 2013, 110(10): 938-947.

RICHINS R D, KANEVA I, MULCHANDANI A, et al. Biodegradation of organophosphorus pesticides by surface-expressed organophosphorus hydrolase. Nat Biotechnol, 1997, 15(10): 984-987.

RIZOS K, LATTEMANN C T, BUMANN D, et al. Autodisplay: efficacious surface exposure of antigenic UreA fragments from *Helicobacter pylori* in Salmonella vaccine strains. Infect Immun, 2003, 71(11): 6320-6328.

SABRINA G, PESCHKE T, PAULSEN M, et al. Surface display of complex enzymes by in situ SpyCatcher-SpyTag interaction. Chembiochem, 2020, 21(15): 2126-2131.

SAMUELSON P, GUNNERIUSSON E, NYGREN P Å, et al. Display of proteins on bacteria. Journal of Biotechnology, 2002, 96(2): 129-154.

SANDKVIST M, BAGDASARIAN M. Secretion of recombinant proteins by gram-negative bacteria. Curr Opin Biotechnol, 1996, 7: 505-511.

SCHNEEWIND O, FOWLER A, FAULL K. Structure of the cell wall anchor of surface proteins in *Staphylococcus aureus*. Science, 1995, 268(5207): 103-106.

SCHNEEWIND O, MIHAYLOVA-PETKOV D, MODEL P. Cell wall sorting signals in surface proteins of gram-positive bacteria. Embo J, 1993, 12: 4803-4811.

SHAH R, AKELLA R, GOLDSMITH E J, et al. X-ray structure of *Paramecium* bursaria *Chlorella* virus arginine decarboxylase: insight into the structural basis for substrate specificity. Biochemistry, 2007, 46(10): 2831-2841.

SHIMAZU M. MULCHANDANI A, CHEN W. Simultaneous degradation of organophosphorus pesticides and p-nitrophenol by a genetically engineered *Moraxella* sp. with surface-expressed organophosphorus hydrolase. Biotechnol Bioeng, 2001, 76: 318-324.

SHIMAZU M. Simultaneous degradation of organophosphorus pesticides and p-nitrophenol by a genetically engineered *Moraxella* sp. with surface-expressed organophosphorus hydrolase. Biotechnol. Bioeng, 2001, 76: 318-324.

STAHL S, ROBERT A, GUNNERIUSSON E, et al. *Staphylococcal* surface display and its applications. Int J Med Microbiol, 2000, 290(7): 571-577.

SUN Y, LIU C S, SUN L. Identification of an *Edwardsiella* tarda surface antigen and analysis of its immunoprotective potential as a purified recombinant subunit vaccine and a surface-anchored subunit vaccine expressed by a fish commensal strain. Vaccine, 2010, 28(40): 6603-6608.

TAFAKORI V, TORKTAZ I, DOOSTMOHAMMADI M, et al. Microbial cell surface display; its medical and environmental applications. Iran J Biotechnol, 2012, 10(4): 231-239.

TASCHNER S, MEINKE A, GABAIN A V, et al. Selection of peptide entry motifs by bacterial surface display. Biochem J, 2002, 367: 393-402.

Ton-That H, Faull K F, Schneewind O. Anchor structure of *Staphylococcal* surface proteins: a branched peptide that links the carboxyl terminus of proteins to the cell wall. J Bio Chem, 1997, 272: 22285-22292.

TRIPP B C, LU Z, KAREN B, et al. Investigation of the 'switch-epitope' concept with random peptide libraries displayed as thioredoxin loop fusions. Protein Engineering, 2001, 14(5): 367-377.

VAHED M, RAMEZANI F, TAFAKORI V, et al. Molecular dynamics simulation and experimental study of the surface-display of SPA protein via Lpp-OmpA system for screening of IgG. AMB Express, 2020, 10(1): 161.

WANG H, WANG Y, YANG R. Recent progress in *Bacillus* subtilis spore-surface display: concept, progress, and future. Appl Microbiol Biot, 2017, 101(3): 933-949.

WAN H M, CHANG B Y, LIN S C. Anchorage of cyclodextrin glucanotransferase on the outer membrane of *Escherichia coli*. Biotechnol Bioeng, 2002, 79: 457-464.

WILSON S L, WALKER V K. Selection of low-temperature resistance in bacteria and potential applications. Environ Technol, 2010, 31(8-9): 943-956.

YANG C, FREUDL R, QIAO C, et al. Cotranslocation of methyl parathion hydrolase to the periplasm and of organophosphorus hydrolase to the cell surface of *Escherichia coli* by the tat pathway and ice nucleation protein display system. Appl Environ Microbiol, 2010, 76(2): 434-440.

YANG C, FREUDL R, QIAO C, et al. Cotranslocation of methyl parathion hydrolase to the periplasm and of organophosphorus hydrolase to the cell surface of *Escherichia coli* by the tat pathway and ice nucleation protein display system. Appl Environ Microb, 2010, 76(2): 434-440.

YIN K, LV M, WANG Q, et al. Simultaneous bioremediation and biodetection of mercury ion through surface display of carboxylesterase E2 from *Pseudomonas aeruginosa* PA1. Water Res, 2016, 103: 383-390.

ZHANG J, LAN W, QIAO C, et al. Bioremediation of organophosphorus pesticides by surface-expressed carboxylesterase from mosquito on *Escherichia coli*. Biotechnol Prog, 2004, 20(5): 1567-1571.

ZHANG J, LAN W, QIAO C, et al. Bioremediation of organophosphorus pesticides by surface-expressed carboxylesterase from mosquito on *Escherichia coli*. Biotechnol Prog, 2004, 20: 1567-1571.

酵母细胞表面展示技术

一、概述

酵母(*Saccharomyces*)是基因克隆实验中常用的真核生物受体细胞,具有与哺乳动物细胞高度同源的蛋白质折叠和分泌机制,易于培养,在真核蛋白表达方面的应用十分广泛。酿酒酵母(*Saccharomyces cerevisiae*)是酵母细胞表面展示技术中最常用的菌种之一,在酵母细胞表面展示系统中,目的蛋白基因需要与细胞膜锚定蛋白基因融合,在细胞中表达从而展示于细胞表面。酵母细胞表面展示技术目前已被广泛应用于药物筛选、生物乙醇生产、化学品合成、环境污染物吸附和蛋白质进化等领域。

酵母是一种真核单细胞生物,结构成分与其他真核生物相似,包括细胞核、细胞膜和细胞壁。按结构划分,酵母细胞壁可分为3层,内层为葡聚糖层,中间层主要由蛋白质组成,外层为甘露聚糖层,层与层之间可部分镶嵌。最内层的β-葡聚糖属结构多糖,由β-1,3-葡聚糖和β-1,6-葡聚糖组成,起到支撑外部甘露聚糖的作用,而外层甘露聚糖主要以共价键与中间蛋白质层连接。酵母菌落多呈乳白色,表面光滑湿润,颜色均一,以无性繁殖为主,在有氧和无氧条件下都可生存,无毒,具有翻译后修饰系统,适于表达复杂的真核蛋白。其中,酿酒酵母遗传机制清楚,1996年就完成了酿酒酵母全基因组测序,是最早被研究的菌株之一,目前已成为分子研究中的真核模式生物。

噬菌体表面展示技术是最先使用的分子展示技术,该技术需要噬菌体感染进入大肠杆菌并依赖大肠杆菌表达系统进行分子展示。尽管细菌表面展示技术无须此感染步骤,但对于外源蛋白的展示同样需要在细菌宿主内进行。因此,噬菌体和细菌表面展示系统可能由于细菌中缺乏翻译后加工过程导致

展示分子的错误折叠，从而丧失活性。与细菌不同，酵母具有与哺乳动物细胞高度同源的蛋白质折叠、糖基化和分泌机制，有利于展示分子形成正确的空间构型。此外，酵母还具有同时展示多种不同真核蛋白的潜力，即“共展示”。并且酵母细胞表面展示技术结合流式细胞仪可以实现高通量筛选。因此，相较于噬菌体展示技术和细菌展示技术，利用酵母细胞进行分子展示具有许多潜在的优点和实际应用前景。

酵母细胞表面展示技术发展历程：

1997 年，Boder 和 K. Dane Wittrup 首次提出酵母细胞表面展示技术，他们将目的蛋白与酵母菌 *a*-凝集素融合，在酵母细胞壁上展示了抗荧光素单链抗体和表位标签，构建了一个 Aga2p C 端融合蛋白展示系统。

1999 年，Tanaka 团队分别将编码米根霉、葡糖淀粉酶的基因和嗜热脂肪芽孢杆菌（*Bacillus stearothermophilus*）的 α-淀粉酶基因导入酿酒酵母的不同染色体位点，完成了两种酶在酿酒酵母表面的共同展示。

2000 年，Van Antwerp 和 K. Dane Wittrup 证明酵母展示技术能够区分具有相似亲和力的突变克隆。他们将抗鸡卵溶菌酶（D1. 3）抗体单链可变片段及它的 2 倍亲和力突变体（M3）分别展示在酿酒酵母表面。将展示 M3 的细胞与展示 D1. 3 的细胞按 1∶1 000 的比例混合。荧光标记后用流式细胞仪进行分选，发现 M3 展示细胞的富集率是 D1. 3 的 125 倍，这种可以识别不同展示分子间细微亲和力变化的能力对于快速获得亲和力成熟突变体至关重要。

2000 年，Boder 团队发现通过酵母展示技术，对于小分子（半抗原）等靶标，也能获得具有高亲和力的抗体。他们对随机诱变后的酵母展示文库进行动力学筛选，所获得的单链抗体突变体，其抗原结合的平衡解离常数 K_D = 48 fmol/L，解离速率降低为原来的 1/1 000。

2002 年，Sato 根据截短酵母絮凝基因 *FLO1* C 端区域，构建了具有不同锚定长度（42、102、146、318、428 和 1 326 个氨基酸）的酵母表面展示系统。研究者进一步使用该系统展示了葡糖淀粉酶，发现酶的活性与锚的长度相关，锚的长度越长，葡糖淀粉酶的活性越高。

2002 年，Matsumoto 构建了一种新型的酵母细胞表面展示系统，将目的蛋白 N 端与 Flo1p 絮凝功能域融合，可有效固定催化位点位于 C 端附近的目的蛋白，并使用这种新系统首次在细胞表面展示了高活性脂肪酶。

2003 年，Feldhaus 在酵母细胞表面克隆并表达了包含 10^9 个人源抗体

scFv 片段的非免疫文库,并通过流式细胞分选获得了具有纳摩尔级亲和力的单链抗体。

2003 年,Van den Beucken 团队首次使用酵母展示技术结合 FACS 技术对高亲和力突变体进行筛选。通过错配 PCR 技术对酵母展示库进行多样化处理,然后利用 FACS 技术筛选更高亲和力成熟的抗链霉素 Fab 抗体,最后获得了一组亲和力提高 10.7 倍的突变体。

2009 年,Ackerman 等将多价抗原应用到酵母展示文库的筛选中,多价抗原能够显著增加抗原的局部有效浓度,捕获具有弱相互作用的靶蛋白,因此使用少量抗原即可在酵母文库中分离出具有极低亲和力的微量克隆。

2009 年,Wallker 将抗体 scFv 片段和 Fab 片段两种抗体形式结合起来,在酵母表面构建了第一个 scFab 酵母展示抗体库,并筛选获得亲和力明显高于 scFvs 的抗人类免疫缺陷病毒 HIV-1 的单抗。

2013 年,Shembekar 通过酵母表面展示技术研究出一种能够中和 2009 年大流行的甲型流感病毒 H1N1(IC_{50} = 0.08 μg/mL)的抗体,该抗体能够与病毒的"Sa"抗原位点高亲和力[K_D = (2.1±0.4) pmol/L]结合。

2022 年,中国药科大学刘秀峰等首次将人单酰基甘油脂肪酶(monoacylglycerol lipase, MAGL)展示在毕赤酵母细胞壁上,从天然产物中捕获到活性成分延胡索,延胡索对 MAGL 活性抑制率高达 60.66%。该研究表明,酵母表面展示技术可从天然活性成分中筛选获取关键酶或蛋白的抑制剂。

二、原理

酵母细胞表面展示技术的原理是将外源目的基因插入酵母细胞壁蛋白基因序列中,酵母细胞在表达细胞壁蛋白的同时表达目的蛋白并将其展示在细胞表面,保留原有的结构和功能。其中,融合表达并展示外源目的蛋白的细胞壁蛋白称为载体蛋白。酿酒酵母外层细胞壁中存在两种甘露糖蛋白:十二烷基硫酸钠(sodium dodecylsulfate, SDS)可提取的甘露糖蛋白和葡聚糖酶可提取的甘露糖蛋白。SDS 可提取的甘露糖蛋白与内层细胞壁非共价结合,可以通过 SDS 和还原剂(如二硫苏糖醇或 β-巯基乙醇)处理从细胞壁中提取。葡聚糖酶可提取的甘露糖蛋白与内层细胞壁 β-葡聚糖共价结合,只有用 β-葡聚糖酶消化细胞壁后才能释放。共价结合的甘露糖蛋白在 C 端含有一个糖基磷脂酰肌醇(glycosyl phosphatidyl inositol, GPI)附着信号,甘露糖蛋白通过该信号

与内层β-葡聚糖完成共价结合。具有 GPI 锚点的蛋白质常被用来作为载体蛋白，当待展示的外源多肽或蛋白质与具有 GPI 锚点的蛋白质融合时，就有可能被转运至胞外，并以共价方式锚定在细胞表面。

酵母细胞表面的许多蛋白，如凝集素（Agα1p 和 Aga1p）和絮凝蛋白（Flo1p），也都含有 GPI 锚点，它们在许多真核细胞膜蛋白中结构保守，对细胞表面蛋白的表达及酵母的生存至关重要。在合成上，GPI 锚点和前体蛋白是分开进行的，前体蛋白合成后，通过 C 端的疏水性多肽序列锚定在内质网膜上，前体蛋白的其余部分则位于内质网的管腔内。随后，转酰氨基酶催化切割掉疏水的 C 端序列，激活前体蛋白 N 端的 ω 位点与 GPI 锚点连接，进而运输到高尔基体，在囊泡中被转运到细胞膜。最后分泌囊泡与细胞膜融合，在蛋白水解酶作用下，分泌信号序列被切除，蛋白被磷脂酰肌醇特异性磷脂酶 C 从细胞膜上释放至细胞壁外，GPI 锚点与β-1,6-葡聚糖共价连接完成最后锚定。

三、酵母展示系统

酿酒酵母表面展示系统是酵母表面展示中的常用系统。根据载体蛋白的不同，酵母细胞表面展示系统可分为凝集素展示系统、Pir 展示系统和絮凝素展示系统；根据外源蛋白与载体蛋白融合表达的位置不同，酵母细胞表面展示系统又可分为 C 端融合、N 端融合和插入融合 3 种融合方式。

（一）凝集素系统

酵母生活形态分为单倍体和二倍体，根据细胞表面表达的凝集素类型可以将单倍体划分为 α 型（MATα）和 a 型（MATa），a 型和 α 型单倍体通过表面凝集素介导的黏附可以形成二倍体优势形态。基于交配型凝集素的酵母展示系统（Agα1p 和 Aga2p）是目前使用最广泛的酵母展示系统之一。

1. α-凝集素　由 *Agα1* 基因编码，具有 650 个氨基酸，仅含有一个由分泌信号区、激活区、富含丝氨酸和苏氨酸的支持区及 GPI 锚定蛋白附着信号区组成的核心亚基。其 C 端的 320 个氨基酸残基（富含丝氨酸和苏氨酸的支持区及 GPI 锚定蛋白附着信号区）与细胞壁葡聚糖共价结合，使其锚定在细胞壁上。如图 4-1 和图 4-2（A）所示，其 N 端与目的蛋白融合，实现目的蛋白的细胞表面展示。

2. a-凝集素　包含 *Aga1* 基因编码的核心亚基和 *Aga2* 基因编码的结合亚

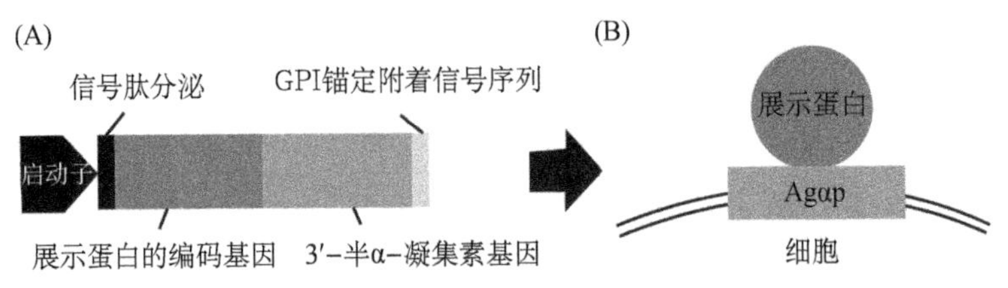

图 4-1　α-凝集素系统展示示意图(Ueda et al., 2000)

(A)基因设计;(B)展示结果

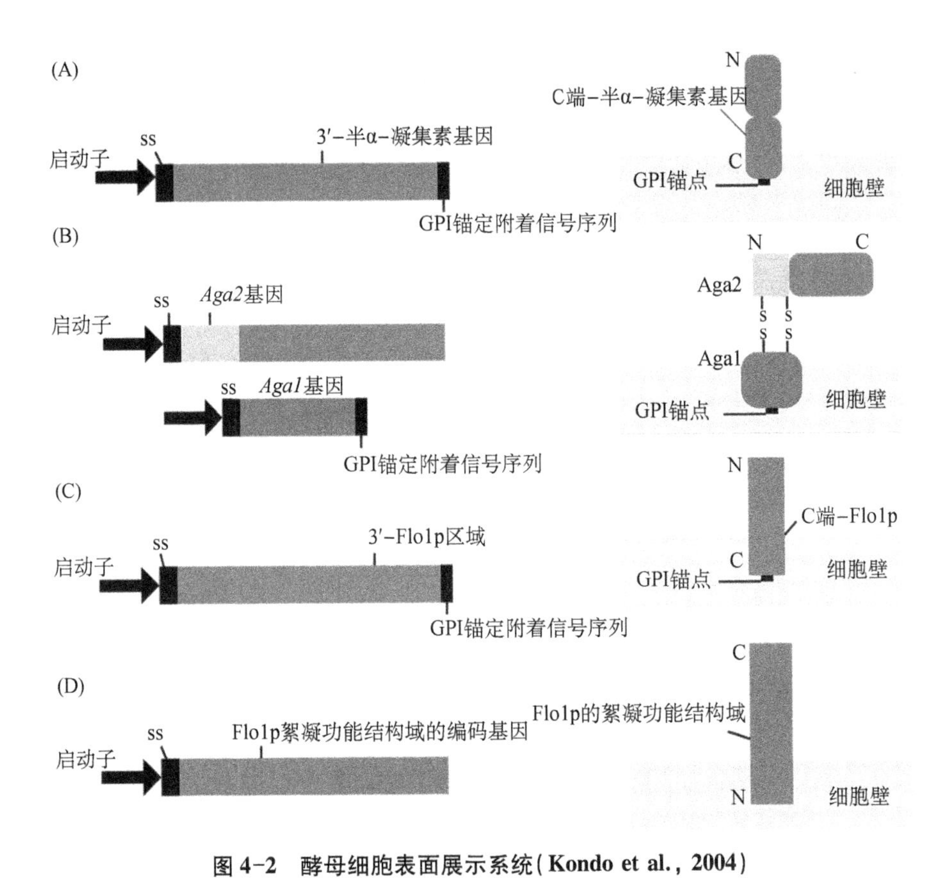

图 4-2　酵母细胞表面展示系统(Kondo et al., 2004)

(A)α-凝集素;(B)a-凝集素;(C)Flo1p 的 C 端区域;(D)Flo1p 的 N 端区域

基,亚基之间通过二硫键相连。核心亚基 Aga1p 由 725 个氨基酸组成,结合亚基 Aga2p 由 69 个氨基酸组成。与 α-凝集素类似,如图 4-2 和 4-3(B)所示,核心亚基 Aga1p 的 C 端与细胞壁葡聚糖共价结合,而目的蛋白则通过与结合亚基 Aga2p 的 C 端融合，即目的蛋白的 N 端与 a-凝集素 Aga2p 蛋白亚基的 C 端融合，实现目的蛋白的细胞表面展示。

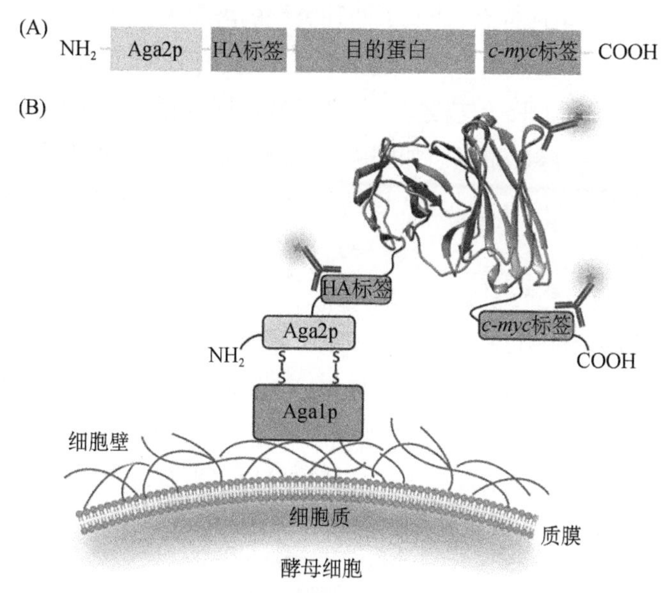

图 4-3　a-凝集素系统展示示意图（Bin et al.，2015）

（A）a-凝集素系统融合目的蛋白；（B）a-凝集素系统展示目的蛋白

（二）Pir 系统

内部重复序列（protein with internal repeats，Pir）锚定蛋白通过酯键与 β-1，3-葡聚糖连接，从而共价锚定于细胞壁。Pir 蛋白（1~4）具有保守的重复序列，不同 Pir 蛋白含有不同数量的重复序列。常用的展示方式为 C 端展示和插入展示。

（三）絮凝素系统

Flo1p 由 *FLO1* 基因编码，是酿酒酵母的一种凝集素样细胞壁蛋白，以非共价形式稳定在细胞壁上，但是比其他 SDS 可提取的蛋白质结合牢固，在絮凝过程中起主要作用。Flo1p 具有高达 1 200 个氨基酸残基的重复区域，可以据此设计各种长度的锚。而由于高水平的 *N*-糖基化和 *O*-糖基化，Flo1p 呈杆状结构，可覆盖约 300 nm 的距离，正好与酵母细胞壁的厚度相对应。Flo1p 包括分泌信号区（secretion signal domain）、絮凝功能区（flocculation functional domain）、GPI 锚定附着信号（GPI-anchor attachment signal）和膜锚定区

(membrane-anchoring domain)，其中絮凝功能区位于 N 端附近，可以识别并非共价黏附到细胞壁上，导致细胞产生可逆絮凝。

根据 Flo1p 的结构特点，开发了两种类型的酵母表面展示系统。

1. 基于 GPI 的絮凝素系统　包括 6 个细胞表面展示系统，在含有 GPI 锚定信号的絮凝蛋白 Flo1p C 端区域，分别具有不同的锚定长度(42、102、146、318、428 和 1 326 个氨基酸)。如图 4-2(C)所示，根据实验目的和目的蛋白的性质选择截短的 Flo1p 的长度，目的蛋白的 C 端与锚点融合。该系统与凝集素系统相似。

2. 基于絮凝功能的絮凝素系统　第二个系统利用 Flo1p 絮凝功能区的黏附能力来构建展示结构，该功能区由 *FLO1* 基因 3′端的 *FS* 或 *FL* 基因编码，包括 FS 或 FL 蛋白。FS 和 FL 蛋白分别由 Flo1p 的 1～1 099 和 1～1 447 位氨基酸构成具有外源目的蛋白的分泌信号和插入位点；如图 4-2(D)，目的蛋白的 N 端与 Flo1p 絮凝功能区融合，所产生的蛋白被认为通过其絮凝功能区与细胞壁的甘露聚糖链的非共价相互作用而诱导细胞黏附。

四、应用

酵母细胞表面展示技术是酵母功能化的有力工具，能够将特定蛋白展示在酵母细胞表面，广泛应用于药物筛选、疫苗开发、环境污染物吸附等领域，可作为全细胞生物催化剂和(或)蛋白质进化的研究平台。

(一) 药物筛选

慢性炎症与阿尔茨海默病、癌症、关节炎和多发性硬化等疾病密切相关，控制炎症有望缓解上述疾病进展，因此，炎症一直是药物筛选的重要方向之一。细胞间黏附分子-1(intercellular adhesion molecule-1, ICAM-1)位于哺乳动物细胞表面，是炎症信号的关键参与者，也是多种癌症、糖尿病和阿尔茨海默病的标志物，目前已成为热门的药物靶点。有研究发现，ICAM-1 的表达水平与炎症的强度呈正相关，因此，ICAM-1 表达水平的高低可以反映出炎症水平的强弱。淋巴细胞功能相关抗原-1(lymphocyte function associated antigen-1, LFA-1)的 I 结构域可以特异性结合 ICAM-1, Zhang 等将 I 结构域和绿色荧光蛋白共同展示于酵母细胞，利用 I 结构域与 ICAM-1 结合的特性将表达绿色荧光蛋白的酵母细胞结合到哺乳动物细胞表面，通过检测酵母细

胞的数量或绿色荧光蛋白的强度来快速量化哺乳动物细胞表面 ICAM-1 的水平，从而对影响 ICAM-1 表达的药物进行快速筛选。在经过体外、体内抗炎活性验证后，Zhang 等最终通过该筛选平台得到 1 个促炎化合物和 1 个抑炎化合物。该研究证实酵母表面展示技术在药物筛选应用中具有简便、准确、高通量和高效直观等特点，有望为药物筛选提供新的平台。

（二）疫苗开发

尽管现代医疗设施、公共卫生服务和卫生状况有了很大改善，但是在第三世界国家，传染病仍然是威胁公共卫生安全的主要因素。面对众多不可预知的传染病，疫苗依然是对抗传染病最重要、最安全的方法。酿酒酵母早在几千年之前就被用于发酵、酿酒，具有安全性高的特点，而酵母细胞壁中的 β-葡聚糖可作为抗肿瘤或抗炎分子的免疫刺激剂，是一种天然的免疫佐剂。因此，酿酒酵母非常适合作为治疗性蛋白的表达载体。酵母疫苗安全性好、成本低、免疫途径简单，相较于传统的灭活疫苗和减毒活疫苗具有一定优势。将外源蛋白表达在酵母细胞质内，或者融合酵母细胞壁锚定蛋白序列表达展示在酵母细胞外，所获得的酵母可作为口服疫苗使用，因此，许多研究人员将酵母作为表达外源目的蛋白的合适系统，针对传染病和癌症进行疫苗研发。

高致病性 H5N1 禽流感病毒的快速传播及其抗原多样性对公众健康构成了极大威胁。接种疫苗仍然是预防流感最有效措施之一。目前，流感疫苗主要是由受精鸡蛋中的病毒制作而来，但存在一定的局限性：①需要提前选择合适的菌株；②生产过程漫长且受精鸡蛋需求量高达数亿；③提前预测流感毒株十分困难，中途调整更是难度极大；④某些流感病毒在鸡蛋中繁殖传播效率低，导致生产时间较长且产量低；⑤部分人群因对鸡蛋过敏无法接种鸡蛋生产的疫苗。虽然目前也有通过反向遗传学操作研发的疫苗，但是其具有病毒重组的风险，安全性低。与此相对，酵母疫苗作为疫苗研发的候选者具有很大优势：①酵母可以被快速改造以表达新的抗原靶点；②基于酵母的疫苗不需要使用额外的佐剂（如铝）来增强免疫反应；③与病毒蛋白在细胞内的表达相比，病毒蛋白在细胞表面的展示可以促进宿主免疫系统的识别，从而增强其在宿主体内引发保护性免疫的能力。Lei 团队利用酵母细胞表面展示技术将 H5N1 血凝素呈现在酵母表面成功构建酵母疫苗，在小鼠接种 5 个月后，体内仍能检测到高水平的抗血凝素抗体，表明注射疫苗后引发了小鼠的体液和细胞免疫,首次证明酵母表面展示血凝素可用作流感疫苗。动物实验结果表明,酵母疫苗可以完全保护小鼠免受致命的 H5N1 病毒攻击。酿酒酵母的直径约 10 μm,通过注射途径会引起严重的炎症反应,因此,他们进一步开发了口服给药的方法。通过小鸡模型来评估口服疫苗的免疫原性和保护功效,发现口服免疫可以诱导血清 IgG、黏膜 IgA 和细胞免疫反应,并且酵母口服疫苗对不同技术来源的 H5N1 病毒都可起到保护作用。这表明,酵母口服疫苗是一种很有前途的 H5N1 口服疫苗候选者,可以避免其他禽流感病毒潜在的重组风险,并克服常规注射途径的局限性。

酵母疫苗使用方便,结构稳定,具有如下特点:①具有天然免疫佐剂成分——细胞壁葡聚糖;②可以激发肠道黏膜免疫系统,不仅调节先天性免疫应答,还可以通过主要组织相容性复合体分子有效激活细胞免疫;③口服酵母疫苗还可以影响肠道菌群生态系统,调节菌群平衡。综上,口服酵母疫苗应用前景极为广阔。

(三)生物吸附

人口的增加必然伴随着对自然资源和能源的需求上升,而发展带来的问题——重金属污染,也愈发受到关注。重金属是具有高原子序数、密度和重量的金属,可应用于防腐剂、电气、电子设备、汽车、烤箱等化工及采矿等工业领域,但是处置措施和保护不足会导致重大问题。常见的重金属污染物是砷、汞、铅、铬、锰和镉等,它们通过各种人为和自然活动(火山爆发等)进入水体、土壤和空气。这些金属可以通过呼吸道、皮肤或消化道进入人体,引起共济失调、运动功能下降、呼吸困难、多器官衰竭甚至死亡等症状,同时也有可能具有遗传毒性。重金属进入水体后,水体微生物无法对其进行自然降解,反而会随着食物链进行累积,最终影响人类身体健康。传统的重金属处理技术效率低下且价格昂贵,而生物吸附剂可以通过螯合、络合、离子交换等机制进行环境修复,具有成本低、特异高、可吸附容量大的特点。细胞表面积大,有利于结合大量靶分子,并且真核生物产生蛋白质的质量控制体系优于原核生物的质量控制体系,因此,真核微生物比细菌更适合作为生物吸附材料。各种金属结合蛋白或蛋白质,如金属硫蛋白、汞响应金属调节蛋白等,已被展示在酿酒酵母等微生物细胞表面,来实现对金属污染水体的生物修复。

龙葵(*Solanum nigrum*)富含金属硫蛋白,对重金属镉离子亲和力高。Wei

等基于α-凝集素的展示系统，在酿酒酵母表面展示金属硫蛋白，检测对镉离子的吸附效果。通过PCR扩增金属硫蛋白基因，构建质粒表达载体，转化酵母菌株，利用PCR扩增和测序确定金属硫蛋白表达，最后使用火焰原子分光光度计检测镉离子浓度，结果显示该工程酵母对重金属镉离子表现出强吸附作用，镉离子积累量几乎是野生型酵母细胞的2倍。此外，这种工程酵母能够在较广的pH范围内(3~7)有效地吸附超痕量镉。因此，使用酵母表面展示金属硫蛋白，可以对镉污染物进行有效生物吸附，是一种可应用于资源利用和环境保护的有力工具。

（四）癌症抗体开发

癌症又称恶性肿瘤，是一种常见且难以治愈的绝症，每年死于癌症的人数可高达数百万之多。在对肿瘤发生发展机制的研究中发现，肿瘤微环境中除了肿瘤细胞外还浸润了大量的免疫细胞，包括树突状细胞、巨噬细胞、自然杀伤细胞、髓样细胞、T细胞等，这些免疫细胞在与肿瘤细胞的相互作用下逐渐由肿瘤杀伤型转变为免疫抑制型，共同导致了一个促进肿瘤生长和转移的微环境。因此，以PD-1抗体为代表的肿瘤免疫治疗已成为继手术、化疗、放疗之后的第四种治疗方式，为肿瘤患者带来了新的希望与福音。PD-1抗体药物不仅能显著延长患者生命，减轻患者痛苦，甚至还可成为免疫疗法在癌症领域的里程碑，2018年的诺贝尔生理学或医学奖也因此颁发给了PD-1蛋白的发现者和免疫疗法的提出者。目前，已批准的治疗性抗体多达79种，而超过570种抗体正在临床前研究阶段。抗体通过结合细胞或分子上的抗原发挥作用，具有高特异性和高亲和力的特点。酵母表面展示技术和抗体工程的结合不但可以产生靶标特异性和高亲和力的人类抗体，而且可以省略免疫步骤，生产过程简单，因此酵母展示技术成为研究生产抗癌抗体的主要平台之一。

人硫酸软骨素蛋白多糖-4(chondroitin sulfate proteoglycan-4, CSPG-4)是一种Ⅰ型跨膜支架蛋白，参与激活包括整合素信号和受体酪氨酸激酶信号在内的多种关键信号通路。此外，CSPG-4蛋白在许多恶性肿瘤如胶质母细胞瘤、黑色素瘤、鳞状细胞癌、恶性间皮瘤中高水平表达。因此，靶向CSPG-4开发具有高亲和力和特异性的CSPG-4抗体或抗体片段(如scFv片段)已成为研究热点。这些抗体或抗体片段可以与肽、蛋白质或药物结合，开发成包括双特异性抗体、融合抗体和抗体-药物偶联物在内的多种形式。鼠源抗体的免疫原性反应可能会影响药物安全性和药代动力学特性,从而导致药物的效用和功效降低,所以人源抗体可能比鼠抗体更适合作为单抗药物。而目前市场可用的大多数靶向 CSPG-4 的抗体药物都为鼠源抗体或人鼠嵌合抗体,缺乏高亲和力的人源 CSPG-4 抗体。因此,Yu 等基于酵母表面展示技术,通过随机突变来开发对 CSPG-4 具有高亲和力和特异性的完全人源 scFv,以实现亲和力成熟。他们使用酿酒酵母展示单链抗体的随机诱变文库,采用改良的全细胞淘洗法和流式细胞术筛选人 CSPG-4 单链抗体突变株。经过 6 轮淘洗和分选,共分离到 7 株突变型单链抗体。用表面等离子共振和流式细胞仪对所选单链抗体进行表征,发现通过酵母展示技术促进亲和力成熟的抗体表现出更高的亲和力(通过流式细胞术测量的 $K_D = 3.37\times10^{-9}$ mol/L,通过 Biacore 测量的 $K_D = 7.25\times10^{-10}$ mol/L)。该研究不仅促进了针对 CSPG-4 的治疗性抗体的开发,也证实了酵母展示平台的应用潜力。

尽管目前 PD-1 抗体临床证明有效,但它同样存在一定的缺点,如表达 PD-1 的效应 T 细胞浸润在肿瘤实体组织内,而目前使用的单抗体积过大,难以进入肿瘤发挥疗效。理论上,PD-1 胞外域的可溶性片段可以作为 PD-L1 的竞争性拮抗剂,该片段大小为 14 kDa,比单抗(150 kDa)约小 10 倍,并且缺少抗体 Fc 部分。Maute 等使用酵母表面展示技术获得 PD-1 胞外域 HAC-PD-1,使其作为 PD-L1 的高亲和力(110 pmol/L)竞争性拮抗剂。HAC-PD-1 突破了抗体固有的限制,具有更好的抗肿瘤效果。与抗 PD-L1 的单抗相比,HAC-PD-1 表现出优异的肿瘤穿透性,并且不会导致外周效应 T 细胞耗竭。具体表现为:在 CT26 肿瘤模型中,HAC-PD-1 对小肿瘤(50 mm^3)和大肿瘤(150 mm^3)均有治疗效果,而抗 PD-L1 单抗对大肿瘤完全无效。通过酵母展示平台获得的 HAC-PD-1 能够调节免疫系统,为开发新型肿瘤治疗药物奠定基础,同时,确定了酵母展示技术在抗体开发中的潜力。

五、展望

(一) 酵母展示的优点

酵母作为一种单细胞生物,具有与哺乳动物细胞高度同源的蛋白质折叠、糖基化和分泌机制,有利于展示分子形成正确的空间构型。而噬菌体和细菌展示系统由于缺乏翻译后修饰功能,极易导致目的蛋白错误折叠。在酵母表面锚定蛋白的 C 端或 N 端插入异源蛋白既不会破坏表面蛋白的结构,也不会影响表面展示的效率，而酵母的糖基化模式反而可以改善目的蛋白如抗体的溶解度。此外，伴侣蛋白的存在也有助于酵母内质网中蛋白质的准确折叠。

酵母细胞表面展示系统可以展示多种蛋白质分子，不仅可以展示单亚基蛋白质，还可以展示异寡聚体的多亚基蛋白质，甚至同时展示几种不同的蛋白质。这些经过表面工程修饰的酵母菌株称为“工程酵母”。该系统展示的蛋白质会自我固定在细胞表面，只要基因被细胞保留，这一特征就会传递给子细胞，展示蛋白的能力将进一步提高。在细胞表面工程中，将细胞表面展示的活性酶或功能蛋白同赋予酵母细胞新的代谢功能相结合，由此产生的酵母菌株可以作为适合工业应用的“细胞工厂”。

酵母细胞可直接通过流式细胞荧光分选进行亲和性分析，这是酵母表面展示文库进行高通量筛选的基础。并且通过流式细胞术可以直接对单个酵母细胞进行定量和结构表征，避免了烦琐的亚克隆、可溶性表达和纯化步骤。此外，结合酵母展示系统和流式细胞术，并利用不同的标记方法，可区分具有细微亲和力差别的突变体，逐步提高亲和力。因此，高效的筛选方法与酵母表面展示的结合，将极大地促进蛋白质工程的发展。

（二）酵母展示的缺点

同时，酵母细胞表面展示技术也存在一些缺点和局限性。首先，其库容较小，$10^7 \sim 10^9$，远低于噬菌体和细菌表面展示技术。此外，在酵母细胞表面展示系统中，由于酵母表面存在多个蛋白质支架拷贝，可能会发生目的蛋白多价结合甚至寡聚化现象。

其次，蛋白质进化依赖于序列突变，而这可能影响到蛋白质的活性。因此，人们对展示在细胞表面肽库的质量提出了质疑。在细胞表面展示的全细胞生物催化剂的开发中，酶活性的降低是一个普遍存在问题，与游离形式相比，表面锚定的α-半乳糖苷酶、脂肪酶、角质酶和β-内酰胺酶的催化活性均降低。空间位阻、不完全暴露、结构展开或错误折叠及细胞壁疏水性对底物的排斥被认为是导致这一问题的可能原因。

细胞表面展示中的另一个重要问题是抗原抗体结合力降低。Dhillon 等使用肽聚糖相关脂蛋白作为融合部分，成功地将功能性抗体定向展示到细胞表面，但鲜有发现能够与抗原呈阳性结合的抗体，这可能是展示抗体的不正确折叠所带来的问题。解决该问题的一个重要策略是优化载体蛋白和目的蛋白的融合。适当长度的间隔物(载体蛋白和目的蛋白之间的部分)有助于载体和目的蛋白的正确折叠,并防止目的蛋白和细胞其他部分发生可能的功能干扰。Strauss 和 Gotz 研究发现,酶活性会随着间隔物长度不同而发生变化。当间隔物长度从 10 个氨基酸增加到 92 个氨基酸时,酶活力扩大 100 倍。因此,INP 似乎是一个很好的锚定基序,因为它的内部重复序列的数量可以改变,以提供不同的间隔子长度。

虽然酵母表面展示技术在抗体或多肽药物筛选方面仍有改进空间,但是相比于传统方法,酵母展示技术仍然具有许多优势并有望发挥更大作用。随着技术的发展,我们相信酵母表面展示在多个领域,特别是生物转化和肽库筛选中,将会得到更广泛的应用。

附录　酵母菌展示建库方法

1. 使用限制性内切酶 *Sal* I 、*Nhe* I 和 *Bam*H I 消化载体 pCTCON2 48 h

首先,混合 10 μL 10×限制性内切缓冲液、1 μL 100×牛血清白蛋白、10 μg 载体和 3 μL *Sal* Ⅰ。取 ddH_2O 补齐至 100 μL,混匀,37 ℃孵育过夜。次日,在反应混合物中分别加入 *Nhe* Ⅰ 和 *Bam*H Ⅰ 3 μL,混匀,37 ℃孵育过夜。次日上午,加入 3 种限制性内切酶各 0.5 μL,混匀,孵育 1 h(确保载体完全消化)。−20 ℃保存。

2. PCR 扩增 DNA 插入片段　使用 Phusion® DNA 聚合酶,200 μL 反应体系来准备 DNA 插入片段,反应条件:98 ℃预变性 30 s;30 个循环(98 ℃变性 30 s, 58 ℃复性 30 s, 72 ℃延伸 30 s);72 ℃ 10 min。4 ℃保存。

3. 凝胶分离 DNA 插入片段　在电压 100 V、凝胶浓度 1%条件下,分离提取 DNA 插入片段,分光光度计测量浓度。

4. 准备用于转化的 DNA　在每个 1.5 mL 离心管中混合 4 μg DNA 插入片段和 1 μg 已消化完成的 pCTCON2 载体(若为步骤 1 的产物,10 μL≈1 μg),使用共沉淀剂 Pellllet Paint 沉淀 DNA。同时,单独沉淀一份消化过的 pCTCON2 载体,将其作为阴性对照。沉淀后干燥 DNA 20~30 min,当敲击试管,DNA 沉淀可以轻易移动时,则可认为已完全干燥。使用 10 μL 无菌 ddH_2O 重悬,−20 ℃保存。

5. 准备足量的 EBY100 细胞　取低温保存的 EBY100 母液在酵母浸出粉胨葡萄糖(YPD)平板上划线,置于 30 ℃恒温培养箱。2 天后,挑取单菌落接

种于 5 mL YPD 液体培养基,30 ℃振荡过夜。次日,取 100 μL 菌液转入 5 mL YPD 液体培养基,30 ℃振荡过夜。次日上午,测定菌液 OD_{600},并稀释至 OD_{600} = 0.2,30 ℃振荡培养至 OD_{600} = 1.5(本方案中,50 mL OD_{600} = 1.5 的 EBY100 细胞数量足以进行 2 次电穿孔)。

6. 制备用于电穿孔的 EBY100 当 OD_{600} = 1.5 时,在无菌条件下将菌液转移至 50 mL 离心管,3 000 r/min 离心 5 min,弃上清,加入 25 mL 无菌 100 mmol/L 乙酸锂重悬,加入 0.25 mL 的 1 mol/L 无菌二硫苏糖醇。盖子拧松以确保有足够氧气。30 ℃振荡孵育 10 min,孵育结束后在冰上或 4 ℃条件下操作。拧紧盖子,3 000 r/min 离心 5 min,弃上清,将细胞重悬于 25 mL 的预冷无菌 ddH_2O 中,用力摇晃。3 000 r/min 离心 5 min,弃上清,将细胞重悬于 0.25 mL 的预冷无菌 ddH_2O 中,检查管底,确保所有细胞都被重新悬浮。

7. 使用 DNA 文库转化 EBY100 取 250 μL 步骤 6 制备的 EBY100 细胞悬液,将其加入步骤 4 制备的 10 μL 文库 DNA 或者对照中,充分混匀。将细胞转移到预冷的 2 mm 的电穿孔比色皿中,将电穿孔比色皿放在冲击垫上,反应参数:电压 500 v,脉冲时间 15 ms,1 个脉冲,2 mm 电穿孔比色皿。结束后,立即取下电穿孔比色皿,向其中加入 1 mL YPD(不需要无菌条件)。混合后转移至无菌玻璃试管,然后使用 1 mL YPD 冲洗电穿孔比色皿,并将 YPD 收集至玻璃试管中。将玻璃试管在 30 ℃条件下静置孵育 1 h。同时,将酵母缺陷型培养基(SD-CAA)平板预热到 30 ℃(每次转化 1 个板)。

8. 对转化的细胞进行取样,以估计试管中转化体的数量 培养完成后,轻轻涡旋装有转化细胞的玻璃管(将涡旋仪设置为最小速度),取出 10 μL 细胞悬液并将其稀释到 990 μL SDCAA 培养基中(100×稀释)。将稀释液暂放于室温条件下,同时完成步骤 9。

9. 转化好的细胞在选择性培养基中过夜生长 取含有转化细胞的试管,1 000 r/min 离心 5 min。吸出上清液,加入 5 mL SDCAA 重悬,重悬后稀释至 100 mL SDCAA/每管转化细胞。30 ℃条件下,在带挡板的培养瓶中培养 24 h。

10. 通过稀释、涂布和培养,估计每次电转化的转化体总数 取步骤 8 中稀释的样品,涡旋,取 10 μL 转移到含有 90 μL SDCAA 的 1.5 mL 离心管中(1 000×稀释)。再向新鲜培养基中稀释两次,得到 10 000×稀释液和 100 000×稀释液(每次稀释更换枪头)。取出预热的 SDCAA 板,用记号笔将每个板划分出 4 个象限。涡旋稀释样品,取 20 μL 至平板的一个象限中,涂布,每个稀释倍数对应一个象限。30 ℃培养 3 天,并进行菌落计数。100×、1 000×、10 000×和 100 000×象限的单个菌落分别对应于 1×10^4、1×10^5、1×10^6 和 1×10^7 个转化细胞。

11. 酵母文库传代并冻存 生长 24 h 后,测定 OD_{600}。通常情况下,SDCAA 的饱和 OD_{600} 值为 8~12。达到饱和后,转移到离心管中,3 000 r/min 离心 5 min。倒掉上清,加入适量 SDCAA 重悬,使最终 $OD_{600}=1$。让传代的酵母菌生长到饱和状态。取少量样品(2~3 μL),滴在显微镜载玻片上,盖上盖玻片,镜下确定无杂菌污染。将剩余培养液转移到无菌离心管,离心收集细胞,弃上清,重悬于 10 mL 30%的无菌甘油中,此时总体积应约为 20 mL(甘油最终浓度为 15%)。将细胞等分为 2 mL/份,-80 ℃冻存。

主要参考文献

ACKERMAN M, LEVARY D, TOBON G, et al. Highly avid magnetic bead capture: an efficient selection method for de novo protein engineering utilizing yeast surface display. Biotechnol Prog. 2009, 25(3): 774-783.

ACKERMAN M, LEVARY D, TOBON G, et al. Highly avid magnetic bead capture: an efficient selection method for de novo protein engineering utilizing yeast surface display. Biotechnol Prog, 2009, 25(3): 774-783.

BODER E T, WITTRUP K D. Yeast surface display for screening combinatorial polypeptide libraries. Nat Biotechnol, 1997, 15(6): 553-557.

FELDHAUS M J, SIEGEL R W, OPRESKO L K, et al. Flow-cytometric isolation of human antibodies from a nonimmune Saccharomyces cerevisiae surface display library. Nat Biotechnol, 2003, 21(2): 163-170.

FIELDS S, SONG O. A novel genetic system to detect protein-protein interactions. Nature, 1989, 340(6230): 245-246.

GAO T, REN Y, LI S, et al. Immune response induced by oral administration with a Saccharomyces cerevisiae-based SARS-CoV-2 vaccine in mice. Microb Cell Fact, 2021, 20(1): 95.

HOSSAIN S A, RAHMAN S R, AHMED T, et al. An overview of yeast cell wall proteins and their contribution in yeast display system. Asian Journal of Medical and Biological Research, 2020, 5(4): 246-257.

KONDO A, UEDA M. Yeast cell-surface display — applications of molecular display. Appl Microbiol Biotechnol, 2004, 64(1): 28-40.

KUMAR R, KUMAR P. Yeast-based vaccines: new perspective in vaccine development and

application. FEMS Yeast Res, 2019, 19(2): foz007.

LEE S Y, CHOI J H, XU Z. Microbial cell-surface display. Trends Biotechnol, 2003, 21(1): 45-52.

LEI H, JIN S, KARLSSON E, et al. Yeast surface-displayed H5N1 avian influenza vaccines. J Immunol Res, 2016, 2016: 4131324.

LEI H, LU X, LI S, et al. High immune efficacy against different avian influenza H5N1 viruses due to oral administration of a Saccharomyces cerevisiae-based vaccine in chickens. Sci Rep, 2021, 11(1): 8977.

LEVIN A M, WEISS G A. Optimizing the affinity and specificity of proteins with molecular display. Mol Biosyst, 2006, 2: 49-57.

MATSUMOTO T, FUKUDA H, UEDA M, et al. Construction of yeast strains with high cell surface lipase activity by using novel display systems based on the Flo1p flocculation functional domain. Appl Environ Microbiol, 2002, 68(9): 4517-4522.

MAUTE R L, GORDON S R, MAYER A T, et al. Engineering high-affinity PD-1 variants for optimized immunotherapy and immuno-PET imaging. Proc Natl Acad Sci U S A, 2015, 112(47): E6506-E6514.

MURAI T, UEDA M, SHIBASAKI Y, et al. Development of an arming yeast strain for efficient utilization of starch by codisplay of sequential amylolytic enzymes on the cell surface. Appl Microbiol Biotechnol, 1999, 51(1): 65-70.

PATTYN J, HENDRICKX G, VORSTERS A, et al. Hepatitis B vaccines. J Infect Dis, 2021, 224: S343-S351.

SATO N, MATSUMOTO T, UEDA M, et al. Long anchor using Flo1 protein enhances reactivity of cell surface-displayed glucoamylase to polymer substrates. Appl Microbiol Biotechnol, 2002, 60(4): 469-474.

SCHOLLER N. Selection of antibody fragments by yeast display. Methods Mol Biol, 2018, 1827: 211-233.

SEIJI S, HATSUO M, MITSUYOSHI U. Molecular display technology using yeast-arming technology. Anal Sci, 2009, 25: 41-49.

SHIBASAKI S, UEDA M. Bioadsorption strategies with yeast molecular display technology. Biocontrol Sci, 2014, 19(4): 157-164.

UEDA M, TANAKA A. Genetic immobilization of proteins on the yeast cell surface. Biotechnol Adv, 2000, 18(2): 121-140.

VAN DEVENTER J A, WITTRUP K D. Yeast surface display for antibody isolation: library construction, library screening, and affinity maturation. Methods Mol Biol, 2014, 1131: 151-181.

VELAZQUEZ-CARRILES C, MACIAS-RODRÍGUEZ M E, CARBAJAL-ARIZAGA G G, et al. Immobilizing yeast β-glucan on zinc-layered hydroxide nanoparticle improves innate immune response in fish leukocytes. Fish Shellfish Immunol, 2018, 82: 504-513.

WANG L J, XIAO T, XU C, et al. Protective immune response against Toxoplasma gondii elicited by a novel yeast-based vaccine with microneme protein 16. Vaccine, 2018, 36(27): 3943-3948.

WEI Q, ZHANG H, GUO D, et al. Cell surface display of four types of solanum nigrum metallothionein on Saccharomyces cerevisiae for biosorption of cadmium. J Microbiol Biotechnol, 2016, 26(5): 846-853.

YU X, QU L, BIGNER D D, et al. Selection of novel affinity-matured human chondroitin sulfate proteoglycan 4 antibody fragments by yeast display. Protein Eng Des Sel, 2017, 30(9): 639-647.

ZHANG Q, HU S, WANG K, et al. Engineering a yeast double-molecule carrier for drug screening. Artif Cells Nanomed Biotechnol, 2018, 46(sup2): 386-396.

ZORNIAK M, CLARK P A, UMLAUF B J, et al. Yeast display biopanning identifies human antibodies targeting glioblastoma stem-like cells. Sci Rep, 2017, 7: 15840.

第五章 哺乳动物细胞表面展示技术

一、概述

1975年,英国科学家Milstein和Kohler发明了杂交瘤技术,将单抗正式带入人们视野,并使单抗的量产成为可能。1986年,FDA批准了第一个用于治疗的单抗。时至今日,单抗的研发已经进入了黄金时期,越来越多的抗体药物被批准上市,成为药物研发的热点和前沿。与此同时,单抗药物的研发技术和平台正日渐成熟,其中通过重组的方式在体外进行抗体文库的构建及筛选已成为单抗药物研发的重要手段。体外重组抗体技术还原了体内抗体产生的过程,即经过克隆的抗体基因利用不同的展示技术进行体外表达,并将其基因型与表现型偶联,构建出具有多样性的抗体文库,最后加以选择,筛选出与靶蛋白特异性结合的单抗。其中,哺乳动物细胞表面展示技术是近年来新兴的一门技术,其在抗体药物研发方面具有其他展示技术所不具备的独有优势。

在重组抗体的应用中,常见的展示技术包括噬菌体展示技术、核糖体展示技术、细菌表面展示技术等,这些展示技术或是基于原核表达系统,或是基于体外转录翻译系统,其本质上都因缺乏蛋白修饰功能而只能展示小分子抗体片段,如Fab片段、抗体scFv片段等,无法展示并筛选全长抗体。此外,原核表达系统的蛋白质翻译密码子与真核细胞不同,故用原核表达系统筛选获得的全长抗体基因可能无法在人体内获得有效表达。而哺乳动物细胞表面展示技术是具有翻译后修饰和类人蛋白分子结构组装能力的新一代抗体展示技术,已成为临床应用的主要重组蛋白生产系统,与其他系统相比,哺乳动物细胞表达系统的优势在于能够指导蛋白质的正确折叠,提供复杂的N型糖基化和准确的O型糖基化等多种翻译后加工功能,因而表达产物在分子结构、理化特性和生物学功能方面最接近天然的高等生物蛋白质分子,并在哺乳动物细胞中稳定且高水平表达。

哺乳动物细胞表面展示技术是一项新兴的展示技术,其发展历程如下:

1986 年,FDA 批准了世界上第一个来源于重组哺乳动物细胞的治疗性蛋白药物——人组织纤溶酶原激活剂(human tissue plasminogen activator, tPA),这标志着哺乳动物细胞作为治疗性重组蛋白的工程细胞得到 FDA 认可。

2007 年,Yoshiko Akamatsu 团队开发了一种哺乳动物细胞表面展示载体,利用该载体构建了人和小鼠 IL-12 免疫鸡脾细胞的抗体展示文库,并成功地从文库中分离出中和人和小鼠 IL-12 的人鸡嵌合 IgG 抗体。在这项工作中开发的哺乳动物细胞表面展示载体打破了单抗生产过程中的物种限制。

2009 年,Haval Shirwan 团队开发了一种名为 Protex™ 的新技术,该技术能够生成具有强大免疫调节活性的重组共刺激配体,并以快速有效的方式将这些分子展示在细胞表面,成为一种实用且安全的免疫调节基因治疗替代方案,并开发出有效的治疗性癌症疫苗。

2012 年,FDA 共批准上市 12 个生物药物,过半数由哺乳动物细胞生产。同年,Li Changzheng 团队从哺乳动物细胞表面展示的全长人源抗体库中成功地鉴定出针对 HBs 表面抗原(HBs Ag)的抗体。

2013 年,中国南方医科大学的谭万龙和周辰团队利用哺乳动物细胞表面抗体展示技术构建了全长人源抗 VEGF 抗体库,为肾癌抗体的筛选提供基础。

2017 年,FDA 和 EMA 批准的单抗药物多达 10 个,为历年最多,而全球累积获批单抗类药物也已达到了 73 个。

2019 年,中国南方医科大学的赵明团队利用哺乳动物细胞表面抗体展示技术构建了动脉粥样硬化抗体库。

2021 年,Kamyab Javanmardi 等开发出 Spike Display 平台,通过哺乳动物细胞表面展示快速鉴定棘突蛋白(Spike),加快针对 SARS-CoV-2 和其他病毒的抗原设计、深度突变扫描和抗体表位定位,为疫苗和抗体的研发带来新方法。

二、原理

哺乳动物细胞展示技术具有可进行翻译后修饰及表达糖蛋白和全抗体的优势,所合成的蛋白质在分子结构和生化特性方面与人类天然存在的蛋白质具有极高的相似度。该技术目前主要用于抗体的表达与筛选,其原理是将抗

体轻重链基因与哺乳动物细胞受体跨膜序列（如血小板衍生生长因子受体的跨膜序列）融合表达，通过克隆的抗体基因进行抗体表达，利用受体跨膜区的膜定位作用将全长抗体或抗体片段展示于哺乳动物细胞表面，从而实现其基因型与表现型偶联，构建出具有多样性的抗体文库。

同噬菌体展示技术一样（图 5-1），哺乳动物细胞表面展示技术同样包含两个部分：①构建哺乳动物细胞表面展示的抗体库；②与靶标特异性结合抗体的富集和筛选。

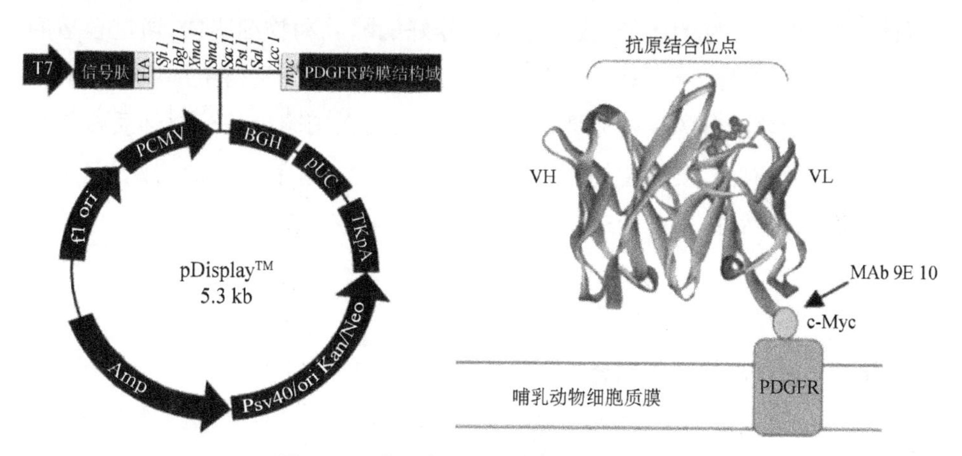

图 5-1　哺乳动物细胞表面展示示意图

HA，血凝素 A 标签；PDGFR，血小板衍生生长因子受体；f1 ori，噬菌体复制起点；PCMV，CMV 启动子；BGH，牛生长激素多聚腺苷酸化信号；TKpA 胸苷激酶多聚腺苷酸化信号；Kan/Neo，卡那霉素/新霉素抗性基因；Psv40/ori，SV40 早期启动子和复制起点；Amp，氨苄西林；VH，重链可变区；VL，轻链可变区

（一）构建哺乳动物细胞表面展示抗体库

提取人外周血单个核细胞（peripheral blood mononuclear cell，PBMC），抽提总 RNA，PCR 扩增 IgG 抗体重链可变区和轻链全长基因，分别克隆到真核表达载体中，构建重链抗体基因库和轻链抗体基因库。转染哺乳动物真核细胞，流式检测抗体表达情况。

重组 DNA 序列转入哺乳动物细胞中构建哺乳细胞表面展示库的方法有两种——基于慢病毒感染等方式的稳定转染和脂质体等方式的瞬时转染。一般来说，慢病毒介导的外源 DNA 表达需要 3 种质粒：表达载体、包装载体和 pVSV-G 质粒。其中，pVSV-G 质粒在胞病毒启动子的控制下表达 VSV-G 蛋白，VSV-G 蛋白可以与细胞膜磷脂成分相互作用，促进病毒和细胞膜的融合。

VSV-G 蛋白不需要细胞表面受体，可以替代病毒包膜蛋白。为产生高滴度的病毒颗粒，需要利用表达载体和包装质粒同时共转染细胞，在细胞中进行病毒的包装，包装好的假病毒颗粒分泌到细胞外的培养基中，离心取得上清液后，可以直接用于宿主细胞的感染，目的基因进入宿主细胞之后，经过反转录，整合到基因组，从而高水平地表达效应分子。稳定转染可以获得持续表达抗体的稳定细胞系。目前，大多数研究者采用脂质体等瞬时转染方式，外源基因不整合到宿主染色体上，随着细胞的生长不断丢失，瞬时转染的时间一般为 3~4 天。具体如下，将构建好的质粒/载体导入培养好的哺乳动物细胞内，通过合适的转染方法将质粒导入细胞内，质粒进入细胞体内不整合到宿主细胞自身的染色体组上，随着细胞的生长分裂，质粒逐渐丢失，在细胞生长分裂到质粒最终丢失的这一段时间，质粒在细胞中可进行短期表达，这就是瞬时表达，但是瞬时转染存在偶然性，因此蛋白质的表达量也不高，这也是瞬时转染表达的缺点之一。

（二）与靶标特异性结合抗体的富集及筛选

不同于噬菌体展示，哺乳细胞表面展示利用细胞分选和细胞扩增来使目的抗体得到富集，然后利用 FACS 技术完成特异性抗体的筛选。将带有荧光基团的抗原同展示抗体的哺乳动物细胞共孵育，利用流式细胞术将与抗原特异性结合的抗体表达细胞分选出来，通过介导的质粒或者病毒颗粒收集目的抗体 DNA，扩增后作为下一轮筛选的子文库。子文库转入哺乳动物细胞当中，经过培养，表达并展示相应的单抗，通过流式细胞检测，筛选得到与靶标蛋白特异性结合的单克隆目的抗体。最后，利用特定引物通过 PCR 的方法获取抗体的序列信息。

除了常规的流式细胞分选外，免疫磁珠分离技术也可用于带有目的抗体的哺乳动物细胞的分选富集。免疫磁珠法分离细胞基于细胞表面抗体能与连接在磁珠上的特异性抗原相结合，在外磁场中，通过抗体与磁珠相连的细胞被吸附而滞留在磁场中，无该种表面抗体的细胞由于不能与相连磁珠的特异性抗原结合而不具备磁性，无法在磁场中停留，从而使细胞得以分离。免疫磁珠法分正选法和负选法，也称阳性分选法和阴性分选法。正选法-磁珠结合的细胞就是所要分离获得的细胞；负选法-磁珠结合的细胞为不需要细胞。

三、哺乳动物细胞表面展示系统

与其他展示技术相比，哺乳动物细胞表面展示技术的显著优势是它的表达系统与人体的最为相似，但缺点是哺乳动物细胞的增殖速度远慢于微生物细胞的增殖速度。正常的哺乳类动物细胞具有下列四大生物学特征：①锚地依赖性，细胞必须附在固体上或固定的表面才能生长分裂。②血清依赖性，细胞必须具有生长因子才能生长。③接触抑制性，细胞与细胞接触后，生长便受到抑制。④形态依赖性，细胞呈扁平状，并有长纤维网状结构。上述特征使得正常的哺乳动物细胞在体外培养中，一般只能存活 50 代且在培养皿上以平面的形式生长，即单层细胞生长。有时，正常细胞会改变某些特征而越过生理临界点，继续增殖并无限制分裂，这种状态称为细胞系的形成，此时的细胞称为细胞系。而以高效表达外源基因为目标的高等哺乳动物受体细胞应具备以下条件：①细胞系特征，丧失细胞接触抑制和锚地依赖特征，便于大规模培养。②遗传稳定性，外源基因多次传代后不至于丢失，易于长期保存。③合适的标记，便于转化株的筛选和维持。④生长快且齐，分裂周期短，生长均一，便于控制。⑤安全性能好，不合成致病物质，不致癌。因此，为了能够快速和方便地构建哺乳动物细胞表面展示系统，选择用于抗体展示的细胞应该生命力顽强、能够快速生长并且具有极高的生产效率。因此，在过去的 20 年里，人们在宿主细胞的研究中投入了大量的人力物力，力求能够挑选出合适的细胞系来应对各种条件下的高效生产，并且在载体设计、密码子优化、基因扩增方法、转染方法和筛选工具等方面取得了巨大的进步。

目前，哺乳动物细胞展示技术以人胚胎肾脏－293（human embryonic kidney-293，HEK-293）细胞和中国仓鼠卵巢（Chinese hamster ovary cell，CHO）细胞应用最多。通过适当的载体设计，包括使用强启动子、合适的信号肽、产物基因密码子优化和使用转录控制区，可以提高外源基因在哺乳动物细胞中的表达水平。目前已筛选出的适合表达系统的载体包括 pcDNA 系列载体、pDGB 载体和部分病毒载体，均可用于哺乳动物细胞展示。

（一）HEK-293 细胞系展示系统

HEK-293 细胞系已经广泛使用了 30 多年，主要用来生产用于基因和细胞治疗的病毒载体。HEK-293 细胞也被证实是在无血清悬浮培养条件下瞬时转染生产大规模蛋白和病毒载体的有效平台。该细胞系具有在高细胞密度和无血清培养基中易于悬浮培养的优势。HEK-293 细胞的缺点在于其致瘤性，但是目前已经有众多实验室对 HEK-293 细胞的致瘤性进行了评估，最近的一项研究更是明确地建立了 HEK-293 细胞的致瘤性和存活传代数之间的关系，就 HEK-293 细胞的潜在致瘤性而言，低传代培养（<52）是符合生产需求和相关部门监督管理要求的。

（二）CHO 细胞系展示系统

CHO 细胞系是生产许多生物药物的主力，这些生物药大多数是单抗。CHO 细胞来源于中国仓鼠卵巢成纤维细胞。自从原始克隆产生以来，已经发展了许多 CHO 细胞系，这些细胞具有可悬浮生长、产量高、无血清情况下生存能力强等优点。此外，CHO 细胞不太容易受到人类病毒感染，从而降低了生物安全风险。因此，CHO 细胞系一直被优先用于生产重组治疗药物，占据 2016 年以来批准的所有重组蛋白和所有单抗（阿达利单抗、贝洛昔单抗、阿维鲁单抗、杜匹单抗、度伐卢单抗、溴铝单抗）的 70%。CHO 细胞缺点在于存在一些非人类的潜在免疫原性结构，如半乳糖-α（1，3）-半乳糖（α-GAL）和 *N*-羟基神经氨酸（Neu5Gc）。此外，CHO 细胞不能产生人类糖蛋白中的 α(2,6)-唾液酸残基。

四、应用

哺乳动物细胞展示技术具有可进行翻译后修饰及表达糖蛋白和全抗体的优势，能够合成在分子结构和生化特性方面与人类天然存在的蛋白质相似的蛋白质产物。不仅如此，目前已上市及在研究的重组蛋白多为糖基化蛋白药物，对于需要糖基化以保持活性的复杂蛋白质，哺乳动物表达系统具有不可替代的优势。同时，哺乳动物细胞表面展示技术可以在表达抗体的哺乳动物细胞表面直接分析筛选高亲和力的全长抗体，优于仅可用于抗体片段筛选的噬菌体展示技术。因此，该技术在抗体药物研发、多肽药物研发、疫苗的制备等方面具有广泛用途。

（一）抗体药物研发

由于哺乳动物细胞表面展示技术具有明显的优势，可有效解决原核细胞表达系统中出现的问题，不仅能够展示全长抗体，还能够利用真核表达系统指导蛋白质的正确折叠，提供复杂的 N 型糖基化和准确的 O 型糖基化等多种翻译后加工功能，因而展示的抗体在分子结构、理化特性和生物学功能方面最接近天然的高等生物蛋白质分子。因此，哺乳细胞表面展示技术是最适用于人源化抗体的展示系统。

目前，筛选人源抗体应用最广泛的技术包括噬菌体抗体展示技术和哺乳动物细胞展示技术。噬菌体展示技术主要是将抗体融合在丝状噬菌体的外壳蛋白上，使抗体能够表达在噬菌体颗粒表面。通过数轮对抗体的筛选和富集，即可获得针对特定抗原的特异性抗体。但是，噬菌体展示技术不能筛选全长抗体，只能得到 Fab 片段或抗体 scFv 片段等。近年来，越来越多的研究锁定在利用哺乳动物细胞表面展示系统来获得人源抗体，它主要通过跨膜序列将全长抗体展示在细胞表面，可通过流式细胞仪进行高通量筛选得到与抗原结合的抗体。

1. *肿瘤抗体的研发*　肾癌是起源于肾实质泌尿小管上皮系统的恶性肿瘤，全称为肾细胞癌，又称肾腺癌。据全国肿瘤防治研究办公室和卫生部卫生统计信息中心统计，我国试点市、县肿瘤发病及死亡资料显示，我国肾癌发病率呈逐年上升趋势，至 2008 年已经成为我国男性恶性肿瘤发病率第 10 位。肾癌具有起病隐匿、对放化疗不敏感、复发率高的特点，因此，有必要找到有效的治疗方式。

随着研究深入，人们发现 VHL-HIF-VEGF 信号通路在肾癌中存在过度激活，因此，开发针对 VEGF 与其受体 VEGFR 的抗体药物，可能是肾癌的有效治疗策略。Tan Wanlong 等以肾癌及自身免疫病患者的外周血单核细胞为材料，使用哺乳动物细胞表达载体 pDGB-HC-TM，构建了两个库容量达到 10^{10} 的全长人源抗体基因库。为了提高抗 VEGF 抗体筛选的成功率和特异性，该团队在初级全长人源抗体库的基础上构建了二级人源抗体库，然后将其稳定转染 Flp-InTM-CHO(FCHO)细胞，构建了能稳定展示全长抗体的哺乳动物细胞表面展示库，为进一步获得全长人源抗 VEGF 抗体奠定了基础。此外，该团队还通过 pDGB-HC-TM 载体和 FCHO 细胞系构建了大容量的、可高效展示于哺乳动物细胞表面的膀胱癌特异性全长人源抗体库，为治疗肾癌、膀胱癌的抗体药物的研发提供方案。

2. *多种属来源的抗体研发*　杂交瘤技术目前已广泛应用于各种单抗药物的生产，包括癌症、自身免疫病、炎症、心血管疾病及病毒感染等。虽然小鼠是最常见的单抗来源，但并不能保证总能产生针对某些抗原或表位的高亲和力抗体，并且很难分离出同时与人和鼠抗原结合的鼠单抗。因此，在动物疾病模型中,通常需要分离与靶抗原结合的替代抗体,以评估与人类对应单抗的治疗潜力。

随着技术的发展,Yoshiko Akamatsu 团队开发了一种哺乳动物细胞表面展示载体系统,基于抗体能够与抗原表位特异结合的生物学活性,对免疫球蛋白直接进行分离(图 5-2)。在该研究中,先将人鼠嵌合抗体文库以 Epstein-Barr 病毒来源的质粒 pYA104 为载体,转染至哺乳动物细胞,然后在一定条件下,整合人鼠嵌合抗体基因的细胞进行抗体分子的表达并将其在细胞表面展示。成功展示抗体分子的细胞可以通过磁珠和荧光激活细胞分选的方法筛选,并回收其中编码目的抗体的质粒,将其转化为可用于生产的可溶性 IgG 形式。利用该载体系统,研究人员成功构建了人和小鼠 IL-12 免疫鸡脾细胞的抗体展示文库,以人胚胎肾衍生细胞系(293c18)和人胚肾细胞系(293H)作为展示细胞,从中分离得到中和人和小鼠 IL-12 的人鸡嵌合 IgG 抗体。在这项工作中开发的哺乳动物细胞表面展示载体有助于识别在物种之间发生交叉反应的功能性抗体,从而消除了在动物模型中分离替代抗体的需要。

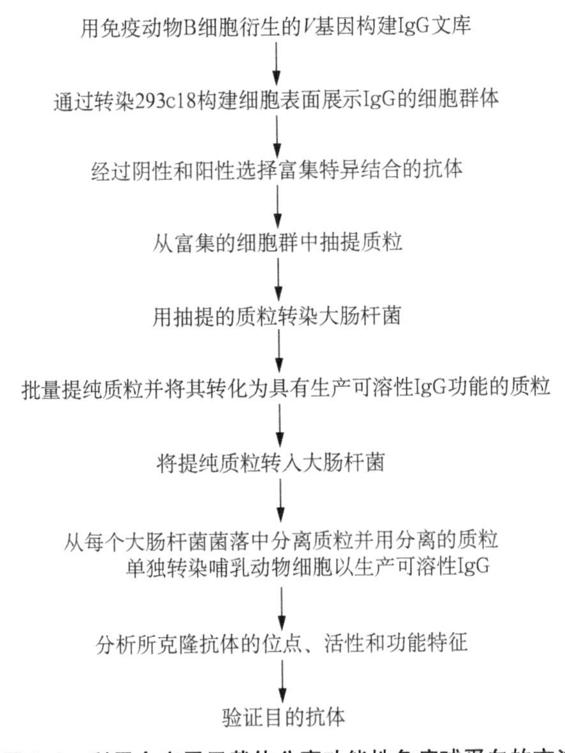

图 5-2 利用全库展示载体分离功能性免疫球蛋白的方法

（二）多肽药物研发

1. *自身免疫病* 类风湿性关节炎是一种自身免疫病，机体在发病过程中有可能产生针对自身蛋白的抗体，这些抗体在疾病的发展过程中起重要作用。目前，以 TNF-α 为作用靶点的可用于治疗类风湿性关节炎的单抗包括 3 种，分别是英夫利昔单抗、阿达木单抗和赛妥珠单抗。这些单抗有的是人鼠嵌合抗体、有的仅是抗体片段、有的制造成本高，它们均在一定程度上制约了单抗药物在治疗中的应用。若能够开发出新的全人源抗体用于疾病治疗，必将为广大患者带来福音。

Zhou chen 等利用哺乳动物细胞表面展示技术构建的类风湿性关节炎患者特异性的全长抗体基因库，为治疗类风湿性关节炎的人源全长抗体的直接筛选奠定基础。首先，分离类风湿性关节炎患者的外周血淋巴细胞，提取总 RNA，采用 RT-PCR 的方法扩增抗体全长轻链基因和重链可变区基因，分别插入哺乳动物细胞表达载体 pDGB-HC-TM，转化感受态大肠杆菌，构建抗体轻链基因库和抗体重链基因库，然后将抗体轻链、重链基因库联合转染 293T 细胞，用流式细胞仪分析全长人源抗体在 293T 细胞表面的表达。其成功构建了类风湿性关节炎患者来源的 IgG1-Kappa 型抗体基因库，随机挑选单克隆经 DNA 序列分析显示轻链库、重链库的序列正确率分别为 80%和 60%，可表达的抗体库多样性为 6.13×10^{10}。经类风湿性关节炎抗体基因库转染的 293T 细胞能够在细胞表面表达全长人源抗体，所展示的抗体库具有良好的多样性，可以满足高特异性、高亲和力抗体的筛选需要。应用此大容量类风湿性关节炎抗体库，有希望筛选获得针对类风湿性关节炎的特异性全长抗体，从而推动类风湿性关节炎的生物治疗。

2. *炎症相关性疾病* 动脉粥样硬化是血管病中一种常见的疾病，其特点是受累动脉病变从内膜开始，先有脂质和复合糖类积聚、出血及血栓形成，纤维组织增生及钙质沉着，并有动脉中层的逐渐蜕变和钙化，病变常累及弹性及大中等肌性动脉，一旦发展到足以阻塞动脉腔，该动脉所供应的组织或器官将缺血或坏死。有研究发现，动脉粥样硬化的发生与氧化低密度脂蛋白（oxidized low-density lipoprotein, ox-LDL）密切相关，LDL 在致氧因子的作用下氧化形成 ox-LDL, ox-LDL 刺激巨噬细胞吞噬氧化低密度脂蛋白，进而堆积形成泡沫细胞。ox-LDL 引起的炎症反应还可以引起血管内皮细胞功能紊乱，从而刺激中膜平滑肌细胞及肌源性泡沫细胞迁移至内膜，结合单核细胞上的 Toll

样受体-4(Toll-like receptor-4, TRL-4),激活单核细胞,导致大量泡沫细胞的形成,最终形成动脉粥样硬化斑块。

为研制 ox-LDL 抗体,中国南方医科大学的赵明团队利用哺乳动物细胞表面抗体展示技术构建了动脉粥样硬化抗体库。该团队将载体 pcDNA5/FRT 改造成双表达载体 pcDNA-DHL。首先从动脉粥样硬化患者中分离外周血单个核细胞,并将提取的总 RNA 逆转录为 cDNA。随后,PCR 扩增抗体重链可变区和 κ 轻链全长后连接至双表达载体 pcDNA-DHL,然后将其转染 FCHO 细胞后利用流式细胞术检测重组抗体在细胞表面的表达。最后加入潮霉素筛选出成功转染 pDHL-As 载体的细胞,即为动脉粥样硬化全长抗体细胞库。最终构建的重链、轻链初级库容量分别达 1.79×10^5 和 1.80×10^5,理论上抗体库多样性为 2.32×10^{10}。动脉粥样硬化抗体库 pDHL-As 可成功展示在细胞表面,并分选出 45 个表达抗氧化型低密度脂蛋白抗体的 FCHO 细胞。为 ox-LDL 抗体制备提供基础。

(三) 疫苗的制备

1. *人类免疫缺陷病毒(human immunodeficiency virus, HIV)* HIV 的防治是一项重大的全球公共卫生挑战。根据世界卫生组织的数据,有 49% 的 HIV-1 阳性患者通过抗逆转录病毒进行疾病治疗,这提示针对 HIV 疫苗的研制之路任重而道远。随着技术的发展,哺乳动物细胞表面展示和单抗(MAb)介导的平移技术以其独特的优势证明可用于开发针对艾滋病毒的预防性疫苗。

2. *严重急性呼吸综合征冠状病毒 2(severe acute respiratory syndrome coronavirus 2, SARS-CoV-2)* 是新型冠状病毒肺炎的病原体,与相关的 SARS-CoV 和 MERS-CoV 都属于 β-冠状病毒。冠状病毒通过棘突蛋白(Spike 蛋白)(图 5-3)感染细胞,SARS-CoV-2 Spike 与血管紧张素转换酶-2(angiotensin converting enzyme-2, ACE-2)和其他细胞表面受体相互作用,介导病毒包膜和细胞膜之间的融合。

因此,SARS-CoV-2 Spike 是开发疫苗的关键成分,也是中和单抗(nAb)的靶点。Kamyab Javanmardi 团队利用哺乳动物细胞展示技术构建了一个高通量的平台(Spike Display),可以快速表征跨多个冠状病毒家族的糖基化的 Spike 胞外域,加速对 SARS-CoV-2 Spike 的研究。该团队检测了 200 个变异 SARS-

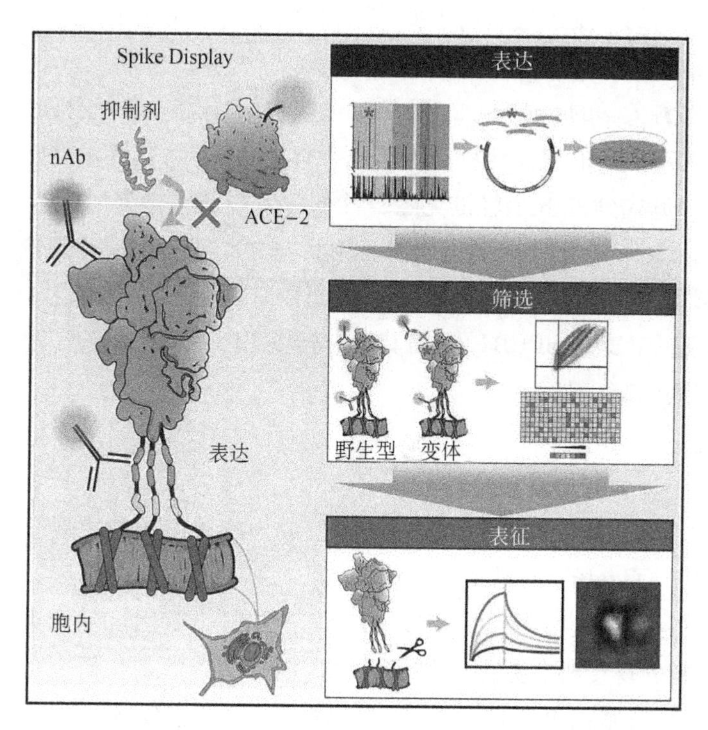

图 5-3　Spike Display 显示在人体细胞上的 Spike 蛋白的生物物理特征

CoV-2 Spike 的表达，以及 ACE-2 和 13 个 nAb 对它们的结合和识别。对 5 个 N 端环（NTD）进行丙氨酸扫描，检测到大多数 nAb 结合 NTD 时，所识别的 N1、N3 和 N5 环中的公共表位。该团队发现 SARS-CoV-2 B. 1. 1. 7（α）、SARS-CoV-2 B. 1. 351（β）、SARS-CoV-2 B. 1. 1. 28（γ）、SARS-CoV-2 B. 1. 427/B. 1. 429（ε）和 SARS-CoV-2 B. 1. 617. 2（δ）中的 NTD 突变影响 SARS-CoV-2 Spike 的表达，逃避了大多数靶向 NTD 的 nAb，还揭示了不同变异体在遗传性、易突变性等方面的特点，为开发针对不同类型的病毒毒株疫苗和抗体给予一定帮助。他们预测，Spike Display 将加快疫苗设计，并可以对新出现的病毒突变株进行快速地影响评估。

3. *登革病毒*　登革病毒感染可引起登革热，以及病情严重、致死率高的登革出血热和登革休克综合征。这些病症的发病机制复杂，目前尚无有效的临床针对性治疗方法。并且难以控制登革病毒的传播途径（蚊虫叮咬），也缺乏有效的登革疫苗进行预防。所以，筛选出高特异性的登革抗体，不仅是运用于临床治疗药物的开发还是运用于疫苗的研制,都有非常重要的作用。甚至对其发病机制的发现,都将大有帮助。

南方医科大学的 Cao Hong、Zhou Chen 教授团队将全长抗体基因,插入课题组前期构建成功的哺乳动物细胞表达载体中,然后将其展示在哺乳动物细胞表面。经流式分析,8 个轻链克隆、7 个重链克隆均可检测到抗体的表达,细胞阳性率为 2.8%~43.1%,这与抗体库基因测序结果相一致。理论上获得的抗体多样性达到 1.46×10^9。随后将轻链抗体基因和重链抗体基因同时插入哺乳动物细胞表达载体 pDGB4 中,将其瞬时转染 CHO 细胞,构建了登革病毒全长人源二级抗体基因库。

五、展望

近 20 年来,哺乳动物细胞表面展示已成为临床应用的主要重组蛋白生产系统,生产了市场上一半以上的生物制药产品和数百个临床开发候选产品。人们在开发和设计新的细胞系的同时,在表达、基因沉默和靶向基因等方面引入新的遗传机制方面取得了重大进展。随着糖基化研究成为人们关注的焦点,瞬时基因表达技术平台在生物制药生产中发挥着越来越重要的作用。

哺乳细胞展示技术虽然具有很多优势和开发潜力,但仍有不少问题有待解决。大部分哺乳细胞展示抗体库的库容多样性只有 $10^6\sim10^8$,远低于噬菌体展示抗体库可达到的 $10^{10}\sim10^{11}$,且操作难度较大、周期较长、成本也相对较高。在进行质粒转染或者病毒侵染的过程中,也难保证只有一种外源 DNA 进入单个细胞,可能会对后期抗体筛选产生一定的干扰。但不管如何,哺乳细胞表面展示技术仍然是单抗筛选的一个重要手段。

附录 哺乳动物细胞建库方法

以南方医科大学赵明团队构建的动脉粥样硬化抗体库为例,简述哺乳动物细胞表面抗体展示技术的实验方法,具体如下:

1. 分离外周血单个核细胞 抽取 12 名动脉粥样硬化患者静脉血,分离外周血单个核细胞并提取总 RNA,以总 RNA 为模板,设计特异性引物逆转录合成 cDNA 第 1 链。

2. 构建初级库载体及二级库双表达载体 pcDNA-DHL

（1）构建载体 pcDNA5-VH-TM 和 pcDNA5-CK：首先 PCR 扩增重链及跨膜序列（VH-TM）和轻链全长（CK），再用限制性内切酶 *Xho* Ⅰ和 *Nhe* Ⅰ酶切载体 pcDNA5/FRT，利用重叠重组法分别将酶切后的载体和扩增片段拼接形成新的载体。将上述连接体系转化感受态大肠杆菌 DH5α，克隆鉴定后，分别命名为 pcDNA5-VH-TM 和 pcDNA5-CK，提质粒保存备用。

（2）二级库双表达载体 pcDNA-DHL 的构建及验证：分别以载体 pcDNA5-VH-TM 和 pcDNA5-CK 为模板，利用 PCR 扩增出完整的 HC-TM 表达框、载体骨架和完整的 κ 表达框，通过重叠重组，转化，构建出双表达载体 pcDNA-DHL（图 5-4）。将瞬时转染质粒 pcDNA-DHL 的细胞作为阳性对照，将仅转染 pcDNA5-CK 的细胞作为阴性对照，将未转染质粒 DNA 的细胞作为空白对照。同时，共转染质粒 pcDNA5-VH-TM＋pcDNA5-CK 的细胞作为阳性对照转染 293F 细胞。

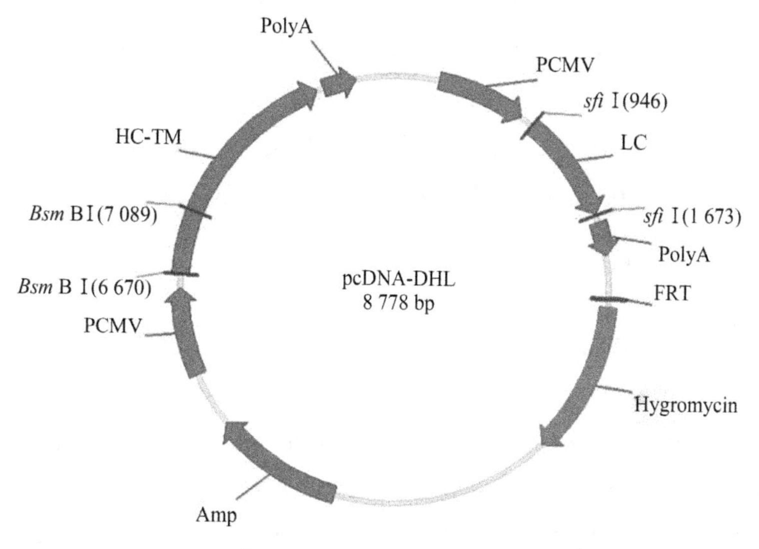

图 5-4　pcDNA-DHL 载体

PCMV，CMV 启动子；HC-TM，重链及跨膜序列；FRT，FLP 重组酶识别位点；Hygromycin，潮雷素；Amp，氨苄西林

3. 构建动脉粥样硬化抗体基因库 pDHL-As

（1）构建动脉粥样硬化全人源初级重链抗体库 pcDNA-vh 和初级轻链抗体库 pcDNA-ck：以 cDNA 第 1 条链为模板，用相应引物 PCR 扩增抗体全套 κ

轻链和重链可变区基因。用限制性内切酶 *Age* Ⅰ和 *Xho* Ⅰ酶切轻链全长基因的扩增产物及载体 pcDNA5-CK,回收酶切后片段,用 T4DNA 连接酶按 3∶1 比例混合连接,在 16 ℃反应 24 h 后导入感受态 DH5α,构建初级轻链基因库 pcDNA-ck。将转化后的细菌倍比稀释,均匀涂在含 100 mg/L 氨苄西林的 LB 固体平皿上,倒置于 37 ℃孵箱 12~18 h,计数平皿上的菌落数,并计算出轻链的库容量。将平皿上的所有菌落收集起来,即为轻链抗体基因库。以同样的方法构建初级重链基因库 pcDNA-vh。分别从重链、轻链抗体库中各挑 50 个单克隆扩大培养,抽提质粒,送基因测序机构测序并用软件分析基因序列。

(2) 构建动脉粥样硬化二级抗体基因库 pDHL-As:pcDNA-DHL 载体用内切酶 *Sfi* Ⅰ酶切后可用于插入抗体轻链的全长基因片段,用 *Bsm*B Ⅰ酶切后可用于插入抗体重链的可变区基因片段。同时,以 *Bsm*B Ⅰ和 *Sfi* Ⅰ对载体 pcDNA-DHL 进行双酶切,经 1%琼脂糖凝胶电泳鉴定,并分离纯化 5 kb 和 3 kb 的两段目的片段。再用 *Sfi* Ⅰ和 *Bsm*B Ⅰ分别对前面制备好的初级轻链和重链基因库进行酶切,进行 DNA 的凝胶电泳分离纯化备用。将上面获得的 2 个载体片段、1 个轻链全长片段和 1 个重链可变区片段按 1∶1∶3∶3 分子比例混合,用 T4 DNA 连接酶,16 ℃连接 24 h,将连接产物转入感受态细菌 DH5α,转化后的细菌接种于含有 100 mg/L 氨苄西林的 LB 固体平皿上,倒置于 37 ℃孵箱 12~18 h,计数平皿上的菌落数,并计算库容量。

(3) 抗体基因稳定转染 Flp-In™-CHO 细胞:将处于对数生长期的 Flp-In™-CHO 细胞以每孔 5×10^5 个的密度接种于 6 孔板中,12 h 后换新鲜培养基。4 μg 混合质粒(0.4 μg pDHL 质粒与 3.6 μg poG44 质粒)加入 250 μL opti-MEM 培养基中,充分混匀后往里加 8 μL LipofectamineTM 2 000 脂质体,混匀室温放置 20 min,将混合物加入对应的 6 孔板中,4 h 后换液并培养 48 h,加入含 500 mg/L 潮霉素培养基加压筛选,每 2 天换 1 次液,筛选 2 周后收集生长状态好的活细胞保存备用。

4. 抗 ox-LDL 抗体的筛选及初步鉴定 选择 ox-LDL 作为抗原来筛选出特异性抗体。根据 FITC 标记试剂盒的说明书,用 FITC 标记 ox-LDL,常规培养动脉粥样硬化抗体细胞库,用不含胰酶的细胞消化液进行消化回收后用 PE 标记鼠抗人抗体和 FITC 标记 ox-LDL 进行双染,随后经流式细胞分选仪检测、分选表达抗 ox-LDL 抗体的 FCHO 细胞。

主要参考文献

李国坤,高向东,徐晨. 哺乳动物细胞表达系统研究进展. 中国生物工程杂志,2014,34(1):95-100.

钱尼良,张晶,高柳村,等. 人源抗 BLyS 单链抗体的筛选及其构建与表达. 中国新药杂志,2015,24(6):638-643.

施黎银,周辉. 应用哺乳动物细胞表面抗体展示技术构建动脉粥样硬化抗体库. 中国病理生理杂志,2019,35(12):2135-2142.

温扬明. 应用哺乳动物细胞表面抗体展示技术构建登革病毒特异性全长人源抗体库. 广州:南方医科大学,2013.

张晶,付洁,宋海峰. 真核表达系统的抗体库技术研究进展. 细胞与分子免疫学杂志,2014,30(8):878-880,888.

AKAMATSU Y, PAKABUNTO K, XU Z, et al. Whole IgG surface display on mammalian cells: application to isolation of neutralizing chicken monoclonal anti-IL-12 antibodies. J Immunol Methods, 2007, 327(1-2): 40-52.

ANDERSEN D C, KRUMMEN L. Recombinant protein expression for therapeutic applications. Curr Opin Biotechnol, 2002, 13: 117-123.

BAI Y, WU C, ZHAO J, et al. Role of iron and sodium citrate in animal protein-free CHO cell culture medium on cell growth and monoclonal antibody production. Biotechnol Prog, 2011, 27: 209-219.

BENTON T, CHEN T, MCENTEE M, et al. The use of UCOE vectors in combination with a preadapted serum free, suspension cell line allows for rapid production of large quantities of protein. Cytotechnology, 2002, 38: 43-46.

BERGAMASCHI C, ROSATI M, JALAH R, et al. Intracellular interaction of interleukin-15 with its receptor a during production leads to mutual stabilization and increased bioactivity. J Biol Chem, 2008, 283: 4189-4199.

CACCIATORE J J, CHASIN L A, LEONARD E F. Gene amplifification and vector engineering to achieve rapid and high-level therapeutic protein production using the Dhfr-based CHO cell selection system. Biotechnol Adv, 2010, 28: 673-681.

CROWELL C K, GRAMPP G E, ROGERS G N, et al. Amino acid and manganese supplementation modulates the glycosylation state of erythropoietin in a CHO culture system. Biotechnol Bioeng, 2007, 96: 538-549.

DAHODWALA H, LEE K H. The fickle CHO: a review of the causes, implications, and potential alleviation of the CHO cell line instability problem. Curr Opin Biotechnol, 2019, 60: 128-137.

DEER J R, ALLISON D S. High-level expression of proteins in mammalian cells using transcription regulatory sequences from the Chinese hamster EF1-α gene. Biotechnol Prog, 2004, 20: 880-889.

DING S, WU X, LI G, et al. Effificient transposition of the piggyback (PB) transposon in mammalian cells and mice. Cell, 2005, 122: 473–483.

DORAI H, NEMETH J F, CAMMAART E, et al. Development of mammalian production cell lines expressing CNTO736, a glucagon like peptide-1-MIMETIBODY: factors that inflfluence productivity and product quality. Biotechnol Bioeng, 2009, 103: 162–176.

EHRHARDT C, SCHMOLKE M, MATZKE A, et al. Polyethylenimine, a cost-effective transfection reagent. Signal Transduct, 2006, 6: 179–184.

FAN Y, JIANG W, RAN F, et al. An efficient exogenous gene insertion site in CHO cells with high transcription level to enhance AID-induced mutation. Biotechnol J, 2020, 15(5): e1900313.

FRANCO R, DANIELA G, FABRIZIO M, et al. Inflfluence of osmolarity and pH increase to achieve a reduction of monoclonal antibodies aggregates in a production process. Cytotechnology, 1999, 29: 11–25.

GAGNON M, HILLER G, LUAN Y T, et al. High-end pH-controlled delivery of glucose effectively suppresses lactate accumulation in CHO fed-batch cultures. Biotechnol Bioeng, 2011, 108: 1328–1337.

GAWLITZEK M, RYLL T, LOFGREN J, et al. Ammonium alters N-glycan structures of recombinant TNFR-IgG: degradative versus biosynthetic mechanisms. Biotechnol Bioeng, 2000, 68: 637–646.

HAHN T J, GOOCHEE C F. Growth-associated glycosylation of transferrin secreted by HepG2 cells. J Biol Chem, 1992, 267: 23982–23987.

HAYTER P M, CURLING E M, GOULD M L, et al. The effect of the dilution rate on CHO cell physiology and recombinant interferon-gamma production in glucose-limited chemostat culture. Biotechnol Bioeng, 1993, 42: 1077–1085.

HOSSLER P, KHATTAK S F, LI Z J. Optimal and consistent protein glycosylation in mammalian cell culture. Glycobiology, 2009, 19: 936–949.

HUANG Y M, HU W W, RUSTANDI E, et al. Maximizing productivity of CHO cell-based fed-batch culture using chemically defifined media conditions and typical manufacturing equipment. Biotechnol Prog, 2010, 26: 1400–1410.

JALAH R, ROSATI M, KULKARNI V, et al. Effificient system expression of bioactive IL–15 in Mice upon delivery of optimized DNA expression plamsid. DNA Cell Biol, 2007, 26: 827–840.

JAVANMARDI K, CHOU C W, TERRACE C I, et al. Rapid characterization of spike variants via mammalian cell surface display. Mol Cell, 2021, 81(24): 5099–5111.

KENNARD M L. Engineered mammalian chromosomes in cellular protein production: future prospects. Methods Mol Biol, 2011, 738: 217–238.

KHETAN A, HUANG Y M, DOLNIKOVA J, et al. Control of misincorporation of serine for asparagine during antibody production using CHO cells. Biotechnol Bioeng, 2010, 107:

116-123.

KOTSOPOULOU E, BOSTEELS H, CHIM Y T, et al. Optimised mammalian eexpresion through the coupling of codon adaptation with gene amplifification: maximum yields with minimum effort. J Biotechnol, 2010, 146: 186-193.

KRUIF J D, KRAMER A, NIJHUIS R, et al. Generation of stable cell clones expressing mixtures of human antibodies. Biotechnol Bioeng, 2010, 106: 741-750.

KUNKEL J P, JAN D C, JAMIESON J C, et al. Dissolved oxygen concentration in serum-free continuous culture affects N-linked glycosylation of a monoclonal antibody. J Biotechnol, 1998, 62: 55-71.

LAO M S, TOTH D. Effects of ammonium and lactate on growth and metabolism of a recombinant Chinese hamster ovary cell culture. Biotechnol Prog, 1997, 13: 688-691.

LE RU A, JACOB D, TRANSFIGURACION J, et al. Scalable production of influenza virus in HEK-293 cells for efficient vaccine manufacturing. Vaccine, 2010, 28(21): 3661-3671.

MAJORS B S, BETENBAUG M J, PEDERSON N E, et al. Enhancement of transient gene expression and culture viability using Chinese hamster ovary cells overexpressing Bcl-xL. Biotechnol Bioeng, 2008, 101: 567-578.

MATASCI M, BALDI L, HACKER D L, et al. The piggyBac tansposon enhances the frequency of CHO stable cell line generation and yields recombinant lines with superior productivity and stability. Biotechnol Bioeng, 2011, 108: 2141-2150.

MORROW K J. Optimizing transient gene expression. Applications expected to move beyond discovery and the preclinic to clinical realm. Genet Eng Biotechnol News, 2008, 28(5): 54-59.

MUTHING J, KEMMINER S E, CONRADT H S, et al. Effects of buffering conditions and culture pH on production rates and glycosylation of clinical phase I anti-melanoma mouse IgG3 monoclonal antibody R24. Biotechnol Bioeng, 2003, 83: 321-334.

NAHRGANG S, KKAGTEN E, JESUS D, et al. The effect of cell line, transferction procedure and reactor conditions on the glycosylation of recombinant human anti-Rhesus D IgG1// BERNARD A, GRIFFITHS B, NOÉ W, et al. Animal cell technology: products from cells, cells as products. Berlin: Springer, 1999: 259-261.

NAIR A R, XIE J, HERMISTON T W. Effect of different UCOE-promoter combinations in creation of engineered cell lines for the production of Factor Ⅷ. BMC Res Notes, 2011, 4: 178.

OBERBEK A, MATASCI M, HACKER D L, et al. Generation of stable, high-producing CHO cell lines by lentiviral vector-mediated gene transfer in serum-free suspension culture. Biotechnol Bioeng, 2011, 108: 600-610.

O'FLAHERTY R, BERGIN A, FLAMPOURI E, et al. Mammalian cell culture for production of recombinant proteins: a review of the critical steps in their biomanufacturing. Biotechnol Adv, 2020, 43: 107552.

SAMBROOK J, RUSSELL D W. Molecular cloning: a laboratory manual. New York: Cold

Spring Harbor Laboratory Press, 2001, 3: 16.7-16.21.

SCHIRMER E B, KUCZEWSKI M, GOLDEN K, et al. Primary clarification of very high-density cell culture harvests by enhanced cell settling. BioProcess Int, 2010, 8(1): 32-39.

STEICHEN J M, KULP D W, TOKATLIAN T, et al. HIV vaccine design to target germline precursors of glycan-dependent broadly neutralizing antibodies. Immunity, 2016, 45(3): 483-496.

THAISUCHAT H, BAUMANN M, PONTILLER J, et al. Identitification of a novel temperature sensitive promoter in CHO cells. BMC Biotechnol, 2011, 11: 51.

VAZQUEZ-REY M, LANG D A. Aggregates in monoclonal antibody manufacturing process. Biotechnol Bioeng, 2011, 108: 1494-1508.

WU S C, MEIR Y J, COATES C J, et al. PiggyBac is a flflexible and highly active transposon as compared to sleeping beauty, Tol2, and Mos1 in mammalian cells. Proc Natl Aced Sci U S A, 2006, 103: 15008-15013.

YALLOP C, CROWLEY J, COTE J, et al. PER. C6 cells for the manufacture of biopharmaceutical proteins//JÖRG KNÄBLEIN. Modern biopharmaceuticals: design, development and optimization. NEW JERSEY: Wiley-Blackwell, 2008: 779-807.

YE J, ALVIN K, LATIF H, et al. Rapid protein production using CHO stable transfection pools. Biotechnol Prog, 2010, 26: 1431-1437.

ZHANG H, YEA K, XIE J, et al. Selecting agonists from single cells infected with combinatorial antibody libraries. Chem Biol, 2013, 20(5): 734-741.

ZHANG J. Mammalian cell culture for biopharmaceutical production. Manual of Industrial Microbiology and Biotechnology, 2010: 157-178.

ZHANG J, LIU X, BELL A, et al. Transient expression and purification of chimeric heavy chain antibodies. Protein Expr Purif, 2009, 65: 77-82.

ZHANG J, ROBINSON D, SALMON P. A novel function for selenium in biological system: selenite as a highly effective iron carrier for Chinese hamster ovary cell growth and monoclonal antibody production. Biotechnol Bioeng, 2006, 95: 1188-1197.

ZHOU H, LU Z G, SUN Z W, et al. Development of site-specifific integration system to high-level expression recombinant protein in CHO cells. Sheng Wu Gong Cheng Xue Bao, 2007, 23: 756-762.

ZHOU H, LU Z G, SUN Z W, et al. Generation of stable cell lines by site-specifific integration of transgenes into engineered Chinese hamster ovary strains using an FLP-FRT system. J Biotechnol, 2010, 147: 122-129.

ZHOU Y, CHEN Z R, HE W, et al. Construction of rheumatoid arthritis-specific full-length fully human mammalian display antibody libraries. Nan Fang Yi Ke Da Xue Xue Bao, 2011, 31(8): 1369-1373.

ZHU J. Mammalian cell protein expression for biopharmaceutical production. Biotechnol Adv, 2012, 30(5): 1158-1170.

核糖体展示技术

一、概述

分子展示技术分为体内展示技术和体外展示技术，前者包括前几章中所介绍的噬菌体展示技术、细菌表面展示技术、酵母细胞表面展示技术和哺乳动物细胞表面展示技术，而本章的核糖体展示技术及后续章节的 mRNA 展示技术和 DNA 展示技术则属于后者。体外展示技术是在细胞非依赖性的蛋白质表达系统内将基因型和表型通过一定方法连接在一起，用于体外高通量筛选多肽和蛋白质的技术。其中，核糖体展示技术是以蛋白质-核糖体-mRNA 三元复合物作为基因型和表型相联系的基本单元，用于筛选高亲和力抗体或蛋白质配基等。自 1994 年 Larry C. Mattheakis 等首次建立了核糖体展示技术以来，核糖体展示技术历经多位学者的优化和改良，日益成熟，已经成为体外分子筛选与进化的重要展示技术之一。

体内展示技术天然具有蛋白翻译后修饰的优势，但恰因其展示过程在体内进行，高度依赖于细胞而存在许多缺点：①受转化效率和胞内环境等因素限制，体内展示的库容量低（$<10^{11}$）；②展示步骤多、细胞培养耗时长，导致建库时间成本高；③蛋白质的胞内修饰缺乏细胞因子调控，导致展示蛋白的结构仍存在偏差；④受细胞活性限制，细胞毒性蛋白无法展示。由此，不受细胞转染和基因表达等因素影响的蛋白质体外进化技术——核糖体展示技术应运而生，并在多肽类药物的研发上受到青睐。这不仅是因为多肽类药物结构简单，往往不依赖于蛋白修饰系统，更多的还是由于核糖体展示技术本身具有的许多优势：①省略了细胞转化步骤，提高了展示库的容量（$\approx 10^{15}$）；②无须培养

细胞,缩短了建库时间(1~2天);③蛋白质展示过程不依赖于细胞,允许毒素、半抗原等细胞毒性蛋白的筛选;④蛋白质与核糖体的耦合结构,使目的蛋白突变实验的引入变得简便,有利于目的蛋白的亲和力成熟与分子进化;⑤因核糖体上直接耦合 mRNA,目的蛋白核酸序列的获取步骤也被相应简化,可以直接解离复合物中的 mRNA 并反转录成 cDNA 进行测序。

除了多肽药物研发以外,核糖体展示技术为高质量抗体的筛选提供了新方案。因为不依赖于细胞,核糖体展示技术消除了抗体在展示过程中对细胞生长的影响,并且由于选择过程在体外进行,所获得的目的抗体有可能超过体内的表观亲和力上限,因而具备更高亲和力、特异性和稳定性。

综上所述,核糖体展示技术的特有优势决定了其广泛的应用前景,将在多肽和抗体药物研发领域发挥重要作用。

核糖体展示技术的发展历程:

1982年,Korman 等利用免疫沉淀技术完成了 mRNA-核糖体-蛋白质三元复合物中 mRNA 的首次分离,这直接奠定了核糖体展示技术的物质基础。

1994年,Larry C. Mattheakis 首次建立了多聚核糖体展示系统,从库容为 10^{12} 的肽库中筛选到亲和力常数达到 10^{-9} nmol/L 的多肽配体,是核糖体展示技术的重要起点。

1997年,Plückthufn、Hanes 等在多聚核糖体展示技术的基础上,正式建立了功能性蛋白体外筛选技术-核糖体展示技术。

2014年,Kanamori 等在原有核糖体展示技术的基础之上,开发了一种高效、可控的核糖体展示系统,利用重组元件进行蛋白质合成(protein synthesis using recombinant elements, PURE)系统。在 PURE 系统中,三元复合物的高稳定性和核酸酶等抑制因子的低活性,使核糖体展示技术的抗体筛选效率更高、mRNA 回收更容易,极大地拓宽了核糖体展示技术的应用范围。

二、原理

核糖体展示技术是一种利用功能性蛋白相互作用进行筛选的技术,它将正确折叠的蛋白质及其 mRNA 同时结合在核糖体上,形成 mRNA-核糖体-蛋白质三聚体,将目标蛋白的基因型和表型联系起来。

核糖体展示技术通过 PCR 扩增 DNA 文库,同时引入 T7 启动子、核糖体结

合位点及茎环结构，将其转录成 mRNA，在无细胞翻译系统中进行翻译，模板序列终止子的缺失使得蛋白质翻译结束后不会从核糖体上脱落，从而使目的基因的翻译产物展示在核糖体表面，形成 mRNA-核糖体-蛋白质复合物，构成核糖体展示的蛋白质文库，然后用相应的抗原从翻译混合物中进行筛选，以乙二胺四乙酸解离结合的核糖体复合物或以特异抗原洗脱整个复合物，并从中分离 mRNA。通过反转录聚合酶链反应（reverse transcription PCR，RT-PCR）提供下一轮展示的模板，所得 DNA 进入下一轮富集，部分 DNA 可通过克隆进行测序分析等。

一条合格的模板序列通常由 5′端非编码区、编码区、间隔区序列和 3′端非编码区构成。其中，5′端非编码区应包含 T7 启动子序列、SD（Shine-Dalgarno）序列或 Kozak 序列；编码区除了目的蛋白的基因序列外，还应在 C 端设计一段间隔子序列，以保证目的蛋白质翻译后的正确折叠；模板链两端还需具有能够保护 mRNA 不被核酸外切酶降解的茎环结构；而最重要的是模板序列中不能带有终止子序列，以保证最终蛋白质-核糖体-mRNA 三元复合物的紧密合成（图 6-1）。

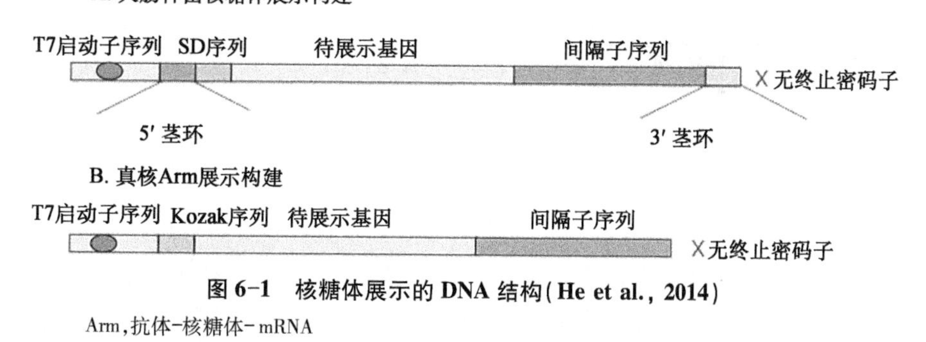

图 6-1 核糖体展示的 DNA 结构（He et al.，2014）

Arm，抗体-核糖体-mRNA

模板构建完成后即可在体外同步进行转录和翻译，在这一过程中，核糖体数量成为限制转录和翻译效率的主要因素。目前，原核表达系统大肠杆菌 S30 提取液和真核表达系统网织红细胞裂解液被大量应用于核糖体展示技术的转录和翻译，其中兔网织红细胞裂解物中功能核糖体的数量高达 10^{14}个/mL。最后利用固相和液相筛选技术对翻译产物进行体外亲和筛选，需要注意的是，这一过程应在低温和高镁环境下进行。

总体来说,核糖体展示技术主要由模板构建、体外转录和翻译及配体的生物亲和力筛选三大步骤构成(图 6-2)。

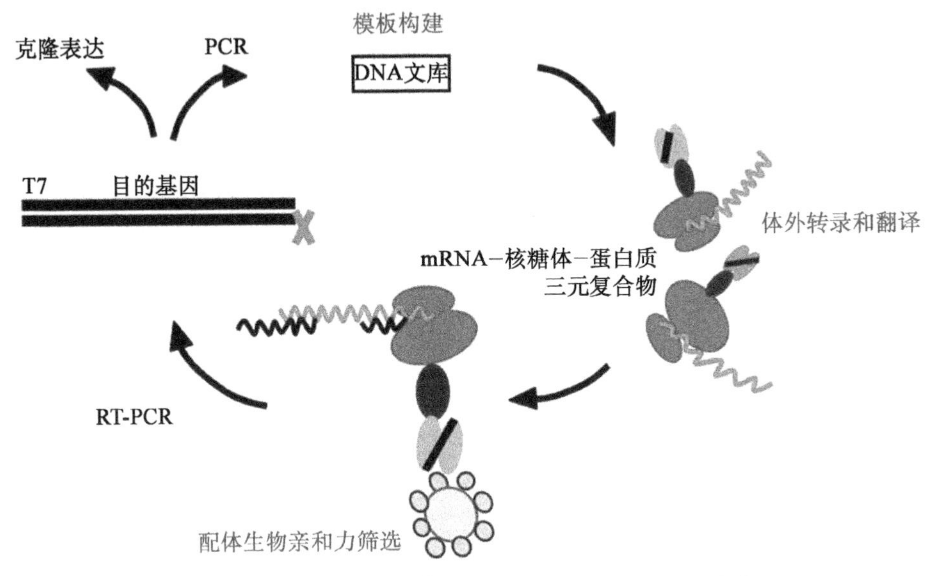

图 6-2　核糖体展示技术原理(Kunamneni et al., 2020)

三、核糖体展示系统

(一) 大肠杆菌 S30 系统

多聚核糖体展示技术是首个被开发的核糖体展示系统,它是基于原核表达系统大肠杆菌 S30 裂解液的核糖体展示技术。最初的大肠杆菌 S30 系统的模板 DNA 序列具有 3′末端终止密码子,三元复合物无法直接形成,需要借助氯霉素来终止翻译,这大大影响了目的蛋白的筛选效率。经过研究人员的多轮改进,剔除了 DNA 文库模板链中的 3′末端终止密码子,保证了 mRNA-核糖体-蛋白质三元复合物的稳定结合。三元复合物形成后,利用目的蛋白与固相靶分子的特异性结合能力,捕获目的复合物。然后三元复合物被乙二胺四乙酸进一步解离,游离后的 mRNA 通过 RT-PCR 进行 DNA 回收,利用大肠杆菌 S30 系统进行核糖体展示和筛选目的蛋白的过程如图 6-3 所示。至此大肠杆菌 S30 系统被开始应用于单链抗体的开发。

此外,大肠杆菌 S30 系统还含有促进蛋白质折叠、稳定 mRNA 的其他组

分,如蛋白质二硫化物异构酶、甲酰核糖核苷酸络合物等。在进行抗体库构建时,为了得到稳定性增强的抗体,还会选择性在混合物中加入还原剂二硫苏糖醇,但二硫苏糖醇可能通过破坏二硫键而影响抗体结构域的折叠。因此,将转录和翻译过程依次在含二硫苏糖醇和不含二硫苏糖醇的大肠杆菌 S30 系统中进行,可极大提升大肠杆菌 S30 系统的展示效率。

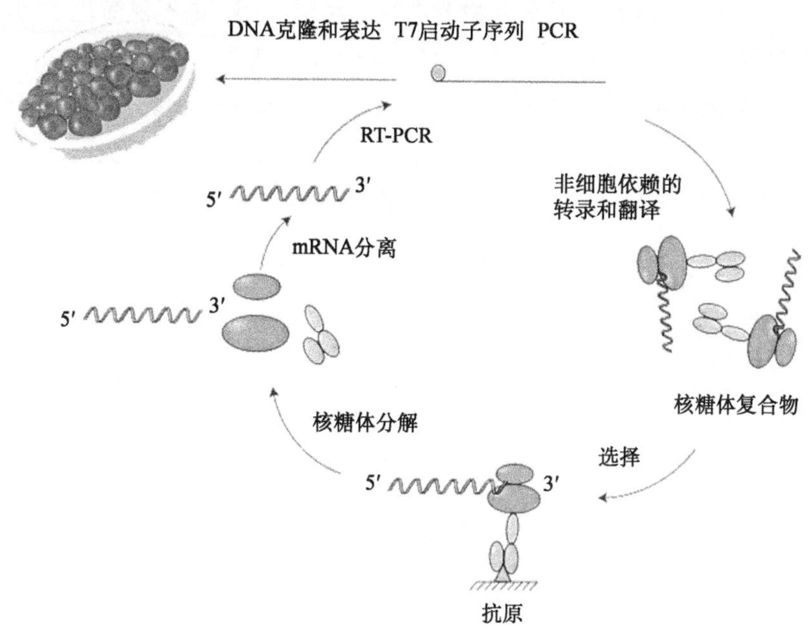

图 6-3 利用大肠杆菌 S30 系统进行核糖体展示和筛选(He et al., 2014)

（二）兔网织红细胞裂解液体外翻译系统

兔网织红细胞裂解液体外翻译系统是真核体外翻译系统中应用最广泛的一种,常用于较大的 mRNA 种类鉴定、基因产物性质的分析,转录和翻译调控的研究及共翻译加工的研究等。兔网织红细胞用新西兰大白兔制备,通过纯化去除兔网织红细胞以外的污染细胞。网织红细胞裂解后,提取物用微球菌破坏内源 mRNA,最大限度降低翻译背景。裂解物包含蛋白质合成所必需的细胞内组分,如 tRNA、核糖体、氨基酸、起始因子、延伸因子及终止因子等。为了使系统更适于 mRNA 的翻译,兔网织红细胞中还添加了磷酸肌酸和磷酸肌酸激酶的能量生成系统,以及氯化高铁血红素防止翻译起始的抑制。此外,还使用了含有乙酸钾和乙酸镁的 tRNA 混合物以扩大 mRNA 翻译的范围。兔网织红细胞具有一定的翻译后加工活性,包括翻译产物的乙酰化、异戊二烯化、蛋白酶水解和一些磷酸化活性。

兔网织红细胞裂解液的核糖体体外翻译系统,已被广泛应用于活性单链抗体片段的展示。兔网织红细胞裂解液体外翻译系统在传统核糖体翻译技术的基础上改进了 mRNA 的回收步骤,增添了原位 RT-PCR 功能,即逆转录不需要解离核糖体,直接在三元复合物上进行。原位 RT-PCR 不仅简化了回收过程,也避免了由于解离复合物而造成的 mRNA 分子丢失。因此,兔网织红细胞裂解液体外翻译系统的工作效率要远高于大肠杆菌 S30 系统,能够从基因文库中快速富集特定的 mRNA-核糖体-蛋白质三元复合物,利用兔网织红细胞裂解液体外翻译系统进行核糖体展示和筛选抗体的流程见图 6-4。

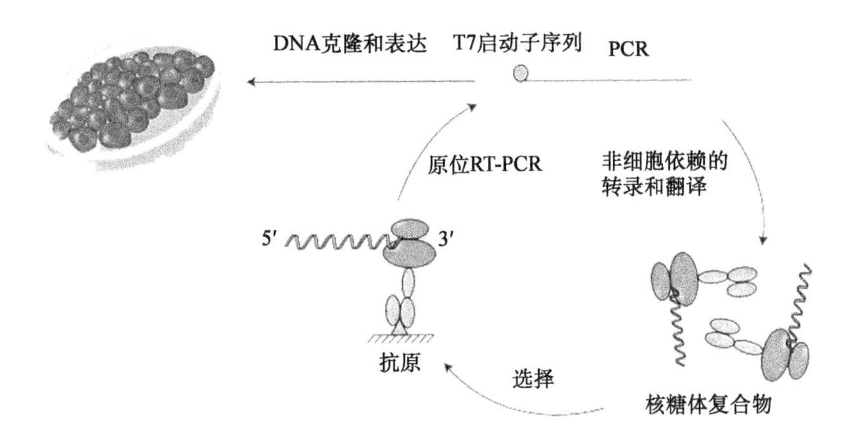

图 6-4 利用兔网织红细胞裂解液体外翻译系统进行核糖体展示和筛选抗体(He et al., 2014)

(三) PURE 系统和 PURE RD 系统

大肠杆菌 S30 系统和兔网织红细胞裂解液体外翻译系统的翻译因子(核糖体等)来源于细胞裂解液,但由于细胞裂解液组分十分复杂,伴随存在的还有内源性核糖核酸酶和蛋白酶,这会导致部分核糖体和目的蛋白的降解,影响 mRNA-核糖体-蛋白质三元复合物的稳定性,减弱体外翻译系统的性能。为了解决这个问题,Kanamori 等建立了一个高度可控的体外蛋白质合成系统即 PURE 系统。

PURE 系统通过提纯大肠杆菌裂解液中的翻译因子,包括 T7 RNA 聚合酶、氨基酰-tRNA 合成酶、核糖体、焦磷酸酶、肌酸激酶、肌激酶和核苷二酸激酶,消除了核酸酶和蛋白酶的干扰,使三元复合物结构更加稳定。此外,PURE 系统还具备其他优点:①筛选产物纯度更高;②操作过程更加简易;③翻译分子高度可控。

PURE RD 系统作为 PURE 的改进型，针对模板序列进行了改造(图 6-5)。其中，为了防止目的蛋白在翻译过程中和核糖体之间的空间位阻过高引起三元复合物结构的不稳定，在目的序列的下游引入了连接序列(Linker)，如丝状噬菌体的基因Ⅲ产物、λ 噬菌体的 D 蛋白和大肠杆菌的 TOLA 蛋白；此外，在 Linker 下游还另外引入了大肠杆菌的 SecM 延伸阻断序列，这个序列在翻译过程中起到与核糖体相互作用、终止蛋白质翻译的功能，为三元复合物的顺利形成提供保障。

图 6-5 PURE RD 中 DNA 的构造(Kanamori et al., 2014)

RS，核糖体停滞序列

四、应用

核糖体展示技术作为体外展示技术的重要组成部分，具有体内展示技术所不具备的诸多优势，目前，已经成功应用于抗体药物的研发、多肽药物的研发、蛋白酶及其抑制剂的研发及蛋白质亲和力成熟研究等。

(一) 抗体药物的研发

高亲和力和特异性的人源化抗体一直是抗体类药物研发的重点，传统的杂交瘤单抗制备法能够快速获得高特异性抗体，但生产的抗体却因免疫排斥的问题无法应用于人体治疗。而在此基础上发展来的嵌合抗体不仅造价高昂，还因为仍存在部分的异源片段，不能完全解决免疫排斥的问题。分子展示技术的出现使全人源化抗体成为可能，其中核糖体展示技术作为体外展示技术具有库容量高和库容量丰富的优点，比以噬菌体展示技术为代表的体内展示技术更适合新型人源化抗体的开发。例如，Lamla Thorsten 等使用容量达 2×10^{13} 的 DNA 文库，利用核糖体展示技术筛选得到与链霉亲和素特异性结合的多肽，其 K_D 值为 4 nmol/L，亲和力比体内展示技术所筛选得到的多肽高 1 000 倍。除去库容量高之外，目的蛋白在核糖体表面直接展示的特点，使抗体的选择和进化更加容易，通过重复几轮突变和体外筛选，核糖体展示技术能够快速高效地分离出高亲和力（K_D 值低至 10^{-12} mol/L）、高特异性和高稳定性的抗体突变体和具有新型构象表位和催化活性的新型抗体。例如，Hanes 与 Plückthun 利用核糖体展示技术构建了库容量为 10^{13} 的抗血凝素单链抗体库，经过 5 轮筛选后使高亲和力的抗血凝素抗体浓度提升了 10^8 倍。近几年，国内学者也开始了核糖体展示技术的应用与研究，主要集中在从抗体库中筛选目标靶点明确的高亲和力抗体。Yuan 等利用核糖体展示技术从单链抗体库中筛选获得了针对柑橘溃疡病菌（Xac）表面 O 特异性脂多糖的 3 种高亲和力抗体，并使用 BIAcore 技术测量了各自的动力学常数，平衡常数分别达 5.05×10^{-11} mol/L、5.29×10^{-11} mol/L 和 2.92×10^{-11} mol/L。赵小玲等应用核糖体展示技术筛选获得了抗 TNF-α 抗体，这一研究为进一步研制临床用 TNF-α 的高特异性、高亲和力基因工程抗体奠定了基础，也为其他人源抗体的制备提供了理论和技术基础。此外，Qi 等运用核糖体展示技术筛选获得了抗磺胺二甲嘧啶（SM2）的 3 种序列不同、大小相近、亲和力高的单链抗体，这些抗体有望替代血清或单抗作为监测 SM2 血清浓度的检测试剂。

目前，基于核糖体展示技术开发的抗体类药物已经广泛应用于多种疾病的临床治疗和诊断。

埃博拉出血热于 1976 年在南苏丹恩扎拉和刚果扬布库首次暴发。2013~2016 年暴发的埃博拉病毒疫情，直接导致超过 1.1 万人死亡，致死率达到 50%。为了对抗埃博拉病毒，FaridKhan 团队利用无细胞核糖体展示技术开发了一组针对埃博拉病毒表面抗原表位的单链抗体，能够检测埃博拉病毒种类，包括苏丹病毒（SUDV）、本迪布焦病毒（BDBV）、塔伊森林病毒（TAFV）、马尔堡病毒（Marburg virus）和拉夫病毒（Ravn virus）。此外，FaridKhan 团队还利用核糖体展示技术筛选获得了对寨卡病毒包膜蛋白具有特异性高亲和力的单链抗体，这些抗体除了具备高亲和力和特异性结合能力外，还具有中和寨卡病毒并抑制其感染的作用，可以作为寨卡病毒感染的诊断或治疗试剂。

癌症是世界范围的公共卫生挑战。肿瘤筛查是早期发现癌症和癌前病变的重要途径，而抗体诊断是进行肿瘤筛查的主要手段，核糖体展示技术作为筛选高特异性和高亲和力的单链抗体的强大工具，已经开始应用于肿瘤筛查。除了肿瘤筛查以外，核糖体展示技术获得的针对肿瘤细胞的抗体还有可能具有抗肿瘤活性。黄尚科等应用核糖体展示技术筛选得到抗肿瘤细胞的单链抗体，这些单链抗体在体内外均具有抗肿瘤活性，有希望成为癌症免疫治疗的先导药物。

（二）多肽类药物的研发

核糖体展示技术的首次应用即为多肽配体的筛选，Larry C. Mattheakis 利用大肠杆菌 S30 系统，同步进行转录、翻译，构建了容量达 10^{12} 的随机肽库，并通过固相筛选技术筛选抗强啡肽 B 单抗的高亲和力、特异性多肽配体，最终获得了亲和力为 7.2~140 nmol/L 的 6 个特异性配体。Gersuk 等利用麦胚乳提取物体外翻译表达系统构建了核糖体展示随机肽库，同样采用固态筛选法获得了前列腺特异性抗原的高亲和力多肽配体。Eriko 等将核糖体展示技术应用于表位作图（epitope mapping），通过反复向随机肽库中引入突变并进行循环筛选，成功验证了已知标签蛋白的表位序列，并且准确预测了 β-连环蛋白（β-catenin）的表位序列。核糖体展示技术在多肽配体筛选方面的应用将为多肽类药物的研发提供便利。

（三）蛋白酶及其抑制剂的研发

蛋白酶本质上是对底物具有高度特异性和高度催化效能的蛋白质，基于其能够与底物紧密结合的生物特性，以已知的目的酶抑制剂或目的底物为筛选靶标，利用核糖体展示技术，能够高效筛选新型蛋白酶及其抑制剂，并完成对新型酶的种属划分。Amstutz 等以 β-内酰胺酶抑制剂——生物素化的氨苄西林为筛选靶标，设计了一个核糖体展示酶活性分析系统。在适当的筛选条件下，他们可以从核糖体展示文库中筛选出高活性、高浓度的 β-内酰胺酶（每轮筛选过后，β-内酰胺酶活性为对照组的 100 倍）。Derek 等运用核糖体展示技术构建了金黄色葡萄球菌半胱氨酸蛋白酶-转肽酶 SrtA 的突变体文库，然后利用一种广泛的半胱氨酸蛋白酶抑制剂 E-64 进行捕获，成功获得高催化活性和结合力的突变型 SrtA。

（四）蛋白质亲和力成熟研究

蛋白质亲和力成熟是指提高蛋白质的结合能力，而提高蛋白质与抗体、抗原、配体、受体等的特异性结合能力对于医学和生物技术应用具有重要意义。目前，体外亲和力成熟的方法可分为两大类：靶向诱变和随机诱变（非靶向）。靶向诱变如点突变和简单突变，可以使特定位置发生针对性突变。随机诱变则指每一轮 PCR 过程中，通过错配聚合酶链反应（error-prone PCR）、诱变 dNTP 类似物（mutagenic dNTP analogs）、DNA 改组（DNA shuffling）等多种技术,在筛选周期之前或其间引入随机突变,增加分子遗传多样性,提高获得高亲和力、高稳定性的目标蛋白的概率,促进蛋白质分子进化。无论是靶向诱变还是随机诱变都需要在展示系统的 cDNA 模板文库中引入突变,核糖体展示技术因其 cDNA 文库构建要求低,且在循环筛选过程中目的蛋白基因的易获取性使其成为体外亲和力成熟研究的最佳分子展示系统。

五、展望

经过 28 年的发展与推广,核糖体展示技术为体外多肽、抗体及酶的筛选与进化做出了重要贡献。近几年国内越来越多的学者也逐渐加入核糖体展示技术的研究与应用中,从不同的角度和不同的环节进行了技术改进,并取得一定的成果。我们相信随着核糖体展示技术的不断改进与完善,其必将在蛋白质相互作用、新药开发、卫生检验、食品工程等诸多领域得到广泛应用。

与基于细胞的分子展示技术相比,核糖体展示有以下优点:①该方法不受转化效率的影响,在体外无细胞蛋白质表达系统中进行蛋白质翻译和修饰,可用于大型文库的筛选;②能够筛选高亲和力结合蛋白;③由于不涉及细胞培养,库容量可以达到 10^{15},库的构建简洁迅速,1~2 天即可完成。例如,10^{12}~10^{14} 库容量的核糖体展示文库可以通过几个 PCR 快速产生,而基于细胞的方法需要至少 10 000 次转换才能获得类似大小的文库;④筛选条件不依赖宿主细胞的活性,可以耐受有毒、蛋白质水解敏感或不稳定的蛋白质,适合展示那些体内展示技术所不能筛选的毒素、半抗原和某些药物;⑤核糖体展示技术在每一轮筛选后的扩增中方便利用 PCR 方法引入突变,促进分子进化与亲和力成熟,为体外抗体成熟提供了一个理想的系统。另外,核糖体展示技术同样存在不可避免的缺陷:①文库中的功能性核糖体水平限制了展示文库的效率和大小;②该系统的稳定性仍有待提高,特别是如何防止 mRNA 的降解和形成稳固的 mRNA-核糖体-蛋白质三元复合物无疑是该技术的关键问题;③提高大分子蛋白质在核糖体上的展示也是未来研究需要关注的问题。

虽然噬菌体展示和其他体内展示方法仍然被用于抗体的筛选,但核糖体展示技术因克服了基于细胞的方法的局限性,能够构建容量更高、更丰富的展示文库,被认为是新一代具有广泛应用前景的展示技术。目前,核糖体展示技术已经在药物研发、治疗及诊断用抗体生成方面发挥了巨大作用,而随着该项技术的继续成熟,有望在基础研究和药物开发领域发挥更大的作用。

附录 人TNF抗体核糖体展示文库建库方法

1. 细胞总RNA的提取和cDNA的合成 利用淋巴细胞分离液从外周血中分离淋巴细胞，2 500 r/min离心20 min，分层后，使用吸管将淋巴细胞层轻轻转移至10~15 mL的离心管中。用生理盐水等量稀释，1 000 r/min离心10 min，弃上清，重复两次。按10∶1比例添加血和生理盐水，重悬后分装于1.5 mL EP管中。然后使用Trizol总RNA提取法抽取细胞总RNA。以细胞总RNA为模板，HuIgGFor、HuIgMForh和HuCLFor为引物，反转录合成cDNA第一链，PCR条件为30 ℃ 10 min、42 ℃ 30 min、99 ℃ 5 min、5 ℃ 5 min。所有的cDNA将用于制备构成VH/K基因库的不同家族重链可变区（VH）和轻链可变区（VL）基因。

2. 人源抗体VH和VL基因的PCR扩增 以上述合成的cDNA 4 μL为模板，扩增人抗体VH和VL基因的上、下游引物各1 μmol，dNTP 200 μmol/L，10×Taq buffer 5 μL，*Taq* DNA酶5 U，总体积50 μL。PCR条件为94 ℃变性50 s，57 ℃复性50 s，72 ℃延伸50 s，经过30个循环后，72 ℃延伸10 min。PCR产物经过琼脂糖凝胶电泳确定产物大小。

3. PCR产物的克隆及序列分析 将PCR扩增产物回收纯化，然后将不同家族的VH、VL基因分别克隆入PMD-18T载体中，转化感受态细胞大肠杆菌DH5α，通过α-互补的蓝白筛选随机挑选重组子。对重组质粒进行测序，将其与已知基因序列比较，并用相关软件分析是否为正确的人的抗体可变区基因。

4. 抗体VH、VL序列拼接 将序列分析正确的不同家族的VH和VL基因两两组装，分子形式为VH-Linker-VL，Linker为VH末端所带的CH1的5′端12个氨基酸（AKTTAPSVYPLA）的基因序列。将纯化的重、轻链产物定量确定等摩尔比例，VH DNA6 μL，*Taq* DNA多聚酶5 U，总体积100 μL，94 ℃变性60 s，50 ℃复性80，72 ℃延伸120 s，扩增7个循环后，加入引物VH up和VL down，外加1 U DNA聚合酶，94 ℃变性90 s，58 ℃复性80 s，72 ℃延伸140 s，再进行30个循环。由此成功构建了VH/K抗体基因库。

5. 用于核糖体展示的VH/K基因库的构建 以纯化的VH/K抗体基因为模板，分别以RDTb、Ck、for为引物进行两步PCR，第1步在N端加上原核核糖体结合位点（SD序列）。第2步在基因两端分别构建T7启动子、5′端茎环结构和3′端茎环结构。*Taq* DNA多聚酶5 U，总体积50 μL，94 ℃变性60 s，50 ℃复性 80 s，72 ℃延伸 120 s，扩增 30 个循环后，琼脂糖凝胶电泳检测构建效果。

6. 体外转录和翻译 体外转录和翻译采用 Expressway™ Plus Expression System 表达系统将 20 μL 的 IVPS Plus *E. coli* Extract、20 μL 的 2.5×IVPS Plus *E. coli* Reaction Buffer、1 μL 的 75 mmol/L 甲硫氨酸、1 μL 的 200 μmol/L Anti-ssrA 寡核苷酸、1 μL 的 PCR 产物和 6 μL 的无 DNase 水加入 2.0 mL 的 EP 管中。反应溶液 37 ℃保温 30 min，用 4 倍体积的冰预冷的缓冲液（50 mmol/L Tris-乙酸 pH7.5，150 mmol/L NaCl，50 mmol/L 乙酸镁，1 g/L、2.5 g/L 肝素）终止反应后，在上清液中加入预冷的 1/5 体积的含有 100 g/L（*w/v*）牛血清白蛋白（BSA）的洗涤缓冲液，反应混合物在 4 ℃，1 400×*g* 离心 5 min 后，将上清液转移到一个新的冰预冷的 EP 管中。

7. 核糖体复合物的亲和筛选 为筛选到针对 TNF-α 的特异 VH/K 抗体基因，我们用重组 TNF-α 纯化蛋白包被 96 孔板，每孔 40 μg，BSA-S. cerevisiae RNA-PBS 封闭。将翻译混合物转至包被的孔中，微孔板在冷室中（4 ℃）轻摇 1 h，倾倒掉反应液，微孔板用 WBT 洗 5 次。随后在孔中加入预冷的洗脱缓冲液，冰上轻摇 5 min 以洗脱 mRNA。洗脱下来的 mRNA 用 RNeasy kit 试剂盒进行纯化。纯化后 mRNA 溶于无 RNase 水中，用无 RNase 的 DNase 进行处理，去掉反应液中的 DNA 分子。以纯化的 mRNA 作为模板，进行 RT-PCR，PCR 产物用作下一轮循环，即转录—翻译—筛选。共进行 3 轮筛选，最终获得纯度更高的 TNF-α 抗体的蛋白产物和 DNA 序列。

主要参考文献

赵小玲，陈伟强，李静梅，等. 应用核糖体展示技术筛选制备抗 TNF-α 人源抗体的研究. 细胞与分子免疫学杂志，2009，25（2）：145-149.

AHANGARZADEH S，BANDEHPOUR M，KAZEMI B. Selection of single-chain variable fragments specific for Mycobacterium tuberculosis ESAT-6 antigen using ribosome display. Iran J Basic Med Sci，2017，20：327-333.

AMSTUTZ P，FORRER P，ZAHND C，et al. *In vitro* display technologies：novel developments and applications. Curr Opin Biotechnol，2001，12（4）：400-405.

AMSTUTZ P，PELLETIER J N，GUGGISBERG A，et al. *In vitro* selection for catalytic activity with ribosome display. J Am Chem Soc，2002，124（32）：9396-9403.

AZIZI A，ARORA A，MARKIV A，et al. Ribosome display of combinatorial antibody libraries derived from mice immunized with heat-killed Xylella fastidiosa and the selection of MopBspecific single-chain antibodies. Appl Environ Microbiol, 2012, 78(8): 2638-2647.

GERSUK G M, COREY M J, COREY E, et al. High-affinity peptide ligands to prostate-specific antigen identified by polysome selection. Biochem Biophys Res Commun, 1997, 232(2): 578-582.

HANES J, PLUCKTHUN A. *In vitro* selection and evolution of functional proteins by using ribosome display. Proc Natl Acad Sci U S A, 1997, 94(10): 4937-4942.

HE M, KHAN F. Ribosome display: next generation display technologies for production of antibodies invitro. Expert Review of Proteomics, 2014. 2(3): 421-430.

HE M, TAUSSIG M J. Antibody-ribosome-mRNA (ARM) complexes as efficient selection particles for *in vitro* display and evolution of antibody combining sites. Nucleic Acids Res, 1997, 25(24): 5132-5134.

HUANG S, FENG L, AN G, et al. Ribosome display and selection of single-chain variable fragments effectively inhibit growth and progression of microspheres in vitro and *in vivo*. Cancer Sci, 2018, 109(5): 1503-1512.

KANAMORI T, FUJINO Y, UEDA T. PURE ribosome display and its application in antibody technology. Biochimica et Biophysica Acta, 2014, 1844: 1925-1932.

KUNAMNENI A, OGAUGWU C, BRADFUTE S, et al. Ribosome display technology: applications in disease diagnosis and control. Antibodies, 2020, 9(3): 28.

LAMLA T, ERDMANN V A. Searching sequence space for high affinity binding peptides using ribosome display. J Mol Biol, 2003, 329: 381-388.

MATTHEAKIS L C, BHATT R R, DOWER W J. An *in vitro* polysome display system for identifying ligands from very large peptide libraries. Proc Natl Acad Sci U S A, 1994, 91(19): 9022-9026.

OHASHI H, SHIMIZU Y, YING BW, et al. Efficient protein selection based on ribosome display system with purified components. Biochem Biophys Res Commun, 2007, 352(1): 270-276.

QI Y, WU C, ZHANG S, et al. Selection of anti-sulfadimidine specific ScFvs from a hybridoma cell by eukaryotic ribosome display. PLoS One, 2009, 4(7): e6427.

ROTHE A, NATHANIELSZ A, HOSSE R J, et al. Selection of human anti-CD28 scFvs from a T-NHL related scFv library using ribosome display. J Biotechnol, 2007, 130(4): 448-454.

SPERANDIO S, POKSAY K, DE B I, et al. Paraptosis: mediation by MAP kinases and inhibition byAIP-1/Alix. Cell Death Differ, 2004, 11: 1066-1075.

TANG J, WANG L, MARKIV A, et al. Accessing of recombinant human monoclonal antibodies from patient libraries by eukaryotic ribosome display. Hum Antibodies, 2012, 21(1-2): 1-11.

YUAN Q, NIAN S, YIN Y P, et al. Selection of single chain fragments against the phytopathogen *Xanthomonas* axonopodis pv. citri by ribosome display. Enzyme Microb Technol, 2007, 41: 383-389.

第七章 mRNA 展示技术

一、概述

作为体外展示技术的重要组成部分,mRNA 展示技术是在细胞非依赖性的蛋白质表达系统内将基因型和表型通过一定方法连接在一起,用于体外高通量筛选多肽和蛋白质的技术,是一种基于核糖体展示技术的优化技术。在核糖体展示技术中,需要对编码蛋白质的 DNA 进行特殊的加工和修饰,去掉3′端的终止密码子,使核糖体翻译到 mRNA 末端时停留在 mRNA 的 3′末端不脱离,从而形成 mRNA-核糖体-蛋白质三元复合体。该技术的缺点就在于mRNA-核糖体-蛋白质三元复合体缺乏稳定性。而 mRNA 展示技术去掉了核糖体,是以 mRNA 和 mRNA 编码多肽所形成的复合物作为基因型和表型相联系的基本单元,又称为 mRNA-蛋白质融合体展示技术,可用于筛选高亲和力抗体或蛋白质配基等。早在 1997 年,就有关于 mRNA 展示技术的报道,后经过多年研究改进,能够满足肽库容量超过 10^{13} 的筛选研究。该技术完全不依赖细胞,没有转染步骤,减少了因表达差异而产生的偏差,文库多样性和筛选效率得到极大提升,其所包含的序列多样性是噬菌体展示技术的 10^4 倍,是酵母杂交技术的 10^6 倍,是克隆筛选方法的 10^9 倍。因此,mRNA 展示技术具有其他展示技术所不具备的诸多优势。

mRNA 展示技术的发展历程:

1997 年,Szostak 和 Richard W. Roberts 将嘌呤霉素共价连接在 mRNA 片段的 3′端,模拟 tRNA 实现了 mRNA 与多肽的连接,为蛋白质体外筛选和定向进化提供了途径。

2000 年,Szostak 在原有 mRNA 展示技术的基础上,将 mRNA 逆转录为

cDNA,形成的 cDNA-mRNA-蛋白质融合体结构更加稳定,并且减少了 RNA 二、三级结构对相互作用的干扰,提高了复合物的形成率。

2000 年,Kurz 等用带补骨脂素的 DNA 连接子代替寡核苷酸连接子,通过光交联反应与 mRNA 3′端杂交,进一步提高了 mRNA-肽融合体的形成率。

2003 年,Miyamoto-Sato 等使用荧光素-PEG-嘌呤霉素(p(dCp)2-T(Fluor)p-PEGp-(dCp)2-puromycin, FPP)连接子通过单链酶连接法获得更加稳定高效的嘌呤霉素-mRNA 模板,使 mRNA-肽复合物形成率提高至 70%,利用荧光素替代放射性标记。

2006 年,Szostak 等利用 mRNA 展示技术从蛋白质文库中进行酶的筛选和进化,并从中筛选获得一个全人工酶——RNA 连接酶,能够催化 5′三磷酸化的 RNA 链与另一 RNA 的 3′羟基末端连接。

2009 年,Tabata 等将 mRNA 展示技术与微流控系统结合用于 scFv 片段的体外筛选和进化,极大提高了筛选的富集率,仅经 1~2 轮筛选就能够从库容量约 10^{12} 的天然随机 scFv 文库中获得高亲和力的特异性抗体。

2012 年,Szostak 等利用 mRNA 展示技术进行含非天然氨基酸的大环肽的进化。

二、原理

(一) 基本原理

mRNA 展示技术与核糖体展示技术类似,主要区别在于 mRNA 和蛋白质之间通过一个高度稳定的酰胺键代替了核糖体展示技术中不稳定的三元复合物。mRNA 展示技术是利用嘌呤霉素将 mRNA 和编码蛋白质共价结合形成 mRNA-蛋白质复合物。一段编码多肽或蛋白质的 DNA 序列在体外转录成 mRNA,将带有嘌呤霉素的连接子连接到 mRNA 的 3′端,在体外非细胞依赖性翻译体系中进行翻译。嘌呤霉素是一种分子量小、化学性质稳定的氨酰-tRNA 类似物,将其连接于 mRNA 分子 3′端可模拟 tRNA 的氨酰基结构(图 7-1)。当 mRNA 翻译完成时,嘌呤霉素进入核糖体的 A 位点接纳新生肽,抑制蛋白质翻译,在新生肽与嘌呤霉素的 *O*-甲基酪氨酸之间形成稳定的酰胺键,生成肽酰嘌呤霉素复合物,使蛋白质的羧基端和 mRNA 3′端通过嘌呤霉素共价联系在一起,形成稳定的 mRNA-mRNA 编码多肽复合物,从而实现了基因型(mRNA)和表型(蛋白质)的结合。通过体外筛选可以获得特定配体的序列信息,mRNA 展示技术的基本原理见图 7-2。

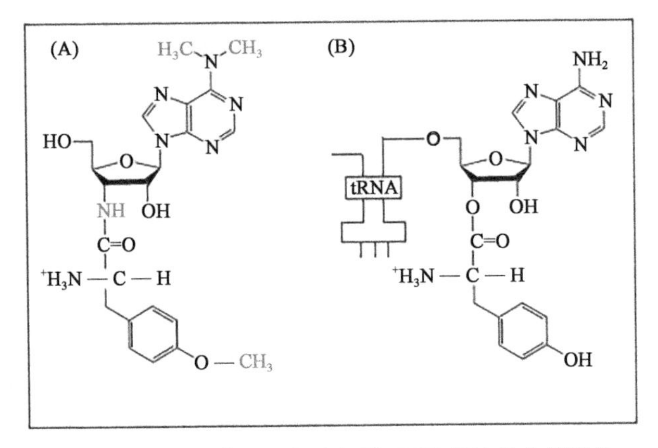

图 7-1 嘌呤霉素(A)和酪氨酰 tRNA(B)的分子结构

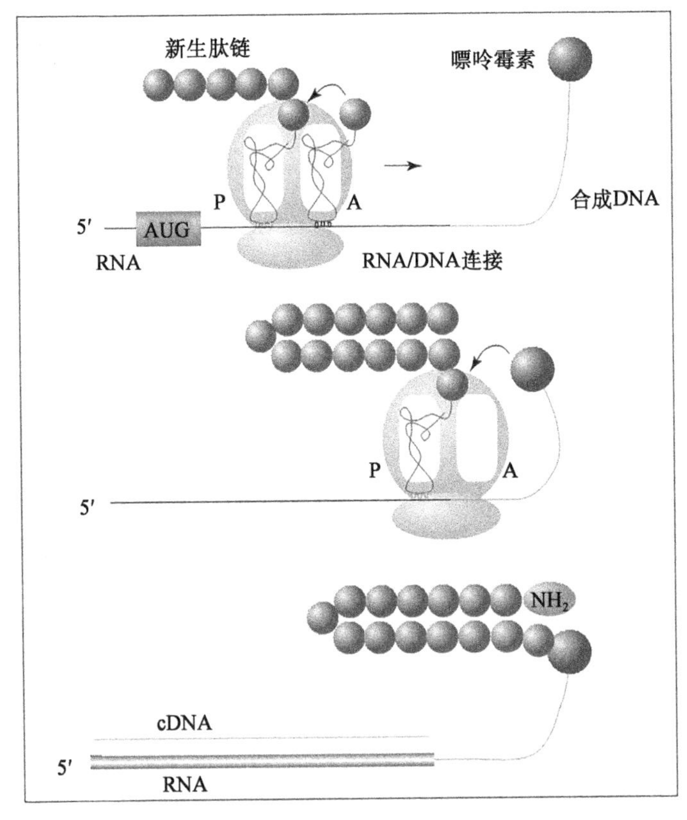

图 7-2 mRNA 展示技术示意图(Takahashi et al., 2003)

mRNA-蛋白质融合体的形成率和稳定性是影响 mRNA 展示效率的关键因素，因此，对 mRNA 展示技术的改进主要围绕连接子的改造展开。mRNA 与嘌呤霉素的结合方法有利用固相支持物微孔玻璃小球(controlled pore glass, CPG)的夹板结合、光交联结合和单链酶链结合。每种结合方式都有各自不同的连接子。在夹板结合中，嘌呤霉素和 CPG 固相支持物连接形成 CPG-嘌呤霉素，用以合成 3′端带有嘌呤霉素的寡聚脱氧核苷酸连接子。此 DNA 连接子上有核糖体翻译终止序列，使嘌呤霉素有时间进入核糖体的 A 位点。而在光交联结合中，带有补骨脂素部分的 DNA 连接子直接通过光交联反应与 mRNA 末端杂交。这两种方法都因为有杂交的 DNA 双链序列而影响了 mRNA 3′端的稳定性。最新改进的方法——单链酶结合法就是将以前的 DNA 单链连接子换成了聚乙二烯连接子，通过聚乙二烯连接子上带有的荧光素，在 T4 RNA 连接酶作用下使连接子与 RNA 结合，大大提高了 mRNA 的稳定性和 mRNA-蛋白质融合体的合成效率。

mRNA 展示技术的另一项改进是将逆转录步骤统一安排在融合体纯化和体外筛选之间，这是因为：①逆转录形成的 cDNA/mRNA 的杂交双链避免了 RNA 二级、三级结构对体外筛选的干扰；②筛选之后 mRNA 模板量大大减少，仅为筛选前的 1%，不足以进行有效的逆转录反应。

（二）mRNA 展示技术配体筛选步骤

1. *构建 DNA 模板库*　化学合成编码特定长度多肽的 DNA 库或构建大容量随机 DNA 库。通过特殊设计的引物，利用 PCR 的方法对模板 DNA 进行加工和扩增：在 5′端添加 T7 启动子、翻译增强子和翻译起始密码子等序列，在 3′端引入亲和纯化标签序列。

2. *模板 DNA 转录、mRNA 与嘌呤霉素连接*　在体外利用 T7 RNA 聚合酶将 DNA 模板转录成 mRNA，并通过酶催化或光交联反应把 mRNA 的 3′端与带有嘌呤霉素的连接子连接。

3. *体外翻译，形成 mRNA-蛋白质复合物*　连接嘌呤霉素的 mRNA 在体外无细胞翻译体系(如兔网织红细胞裂解液体外翻译系统)中进行翻译。嘌呤霉素模拟 tRNA 的氨酰基结构，进入核糖体 A 位点，抑制蛋白质翻译并形成稳定的酰胺键将 mRNA 和新生肽连接起来，实现基因型和蛋白质表型的结合。

4. *逆转录，形成 cDNA-mRNA-蛋白质融合体*　利用新生肽的亲和纯化标签,采用亲和层析的方法将 mRNA-蛋白质融合体纯化出来,去除反应液中的核糖体及其他成分,对纯化后的 mRNA-蛋白质融合体进行逆转录,生成 cDNA-mRNA-蛋白质融合体。

5. *亲和筛选* 采用 ELISA、磁珠等方法将靶分子固定在固相载体上,将含有目标蛋白质的 cDNA-mRNA-蛋白质融合体与固相载体上的靶分子进行特异性结合而得到分离。

6. *扩增、富集、鉴定* 通过洗涤的方式去除非特异性结合分子,然后将特异性结合的目标蛋白质从靶分子上洗脱下来,通过酶分解获得 cDNA,将其进行 PCR,所得产物进入下一轮循环,这一阶段可以利用错配 PCR 或基因突变等方法增加序列多样性。经过多轮筛选,目标蛋白质及其编码的基因序列最终得到富集,通过测序可以获得蛋白质编码信息利用 mRNA 展示技术筛选蛋白/多肽配体的流程见图 7-3。

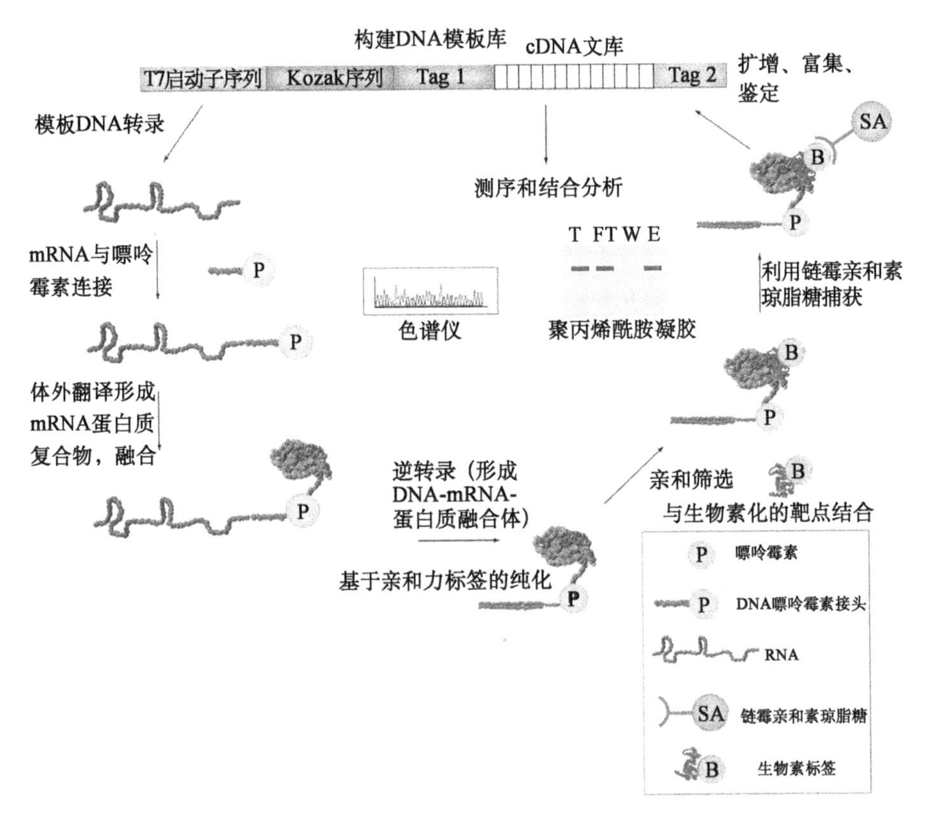

图 7-3 利用 mRNA 展示技术筛选蛋白质/多肽配体(Wang et al., 2011)

三、应用

mRNA 展示技术是一种完全意义上的体外筛选技术，能够从天然蛋白质库和组合肽库中筛选鉴定出特定性质的多肽序列。目前，mRNA 展示技术的应用非常广泛，包括多肽药物的研发、药物靶点的鉴定、蛋白质-蛋白质相互作用的鉴定、DNA-蛋白质相互作用的鉴定、分子亲和力成熟、de novo 酶的发现与进化等。

（一）多肽药物的研发

利用分子展示技术，包括 mRNA 展示技术进行多肽药物的研发是该技术最常见的应用之一。Ra Pharma 公司成立于 2008 年，其联合创始人是 mRNA 展示技术的发明人 Szostak 教授，该公司核心技术是大环多肽 mRNA 展示技术 Extreme Diversity™ 平台。通过该平台可获得高度特异性和稳定性的肽分子、极大提高生物利用度、改善细胞渗透性，解决蛋白质-蛋白质相互作用及其他阻碍成药的问题。基于 Extreme Diversity™，Ra Pharma 开发了新型大环肽类 C5 补体抑制剂 Zilucoplan，它是一个含有 15 个氨基酸的环状多肽，能以亚纳摩尔亲和力结合补体 C5，通过共价抑制 C5 蛋白质分裂成 C5a 蛋白质和 C5b 蛋白质而发挥作用。目前，Zilucoplan 已获得 FDA 授予的孤儿药资格，用于治疗全身性重症肌无力，利用 Extreme Diversity™ 平台筛选多肽药物的流程见图 7-4。

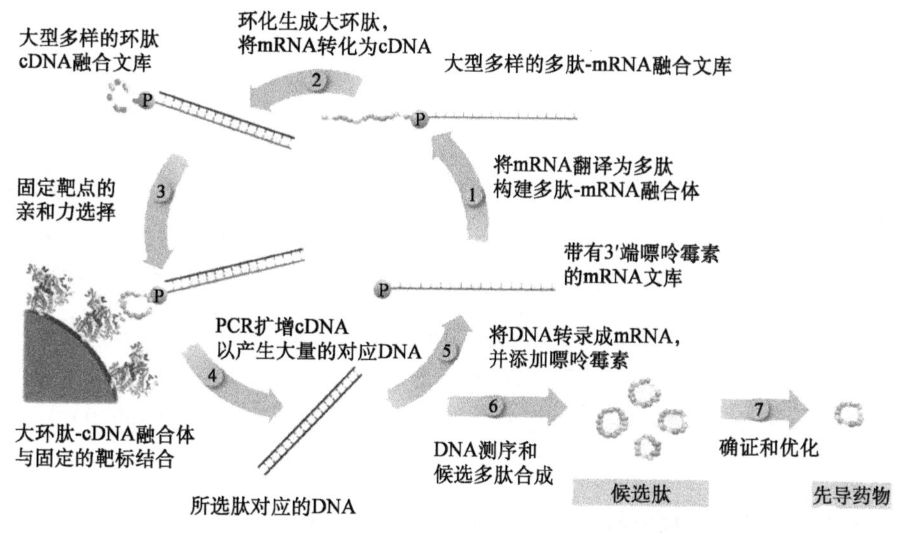

图 7-4 利用 Extreme Diversity™ 平台筛选多肽药物
（https://zhuanlan.zhihu.com/p/429459716）

（二）药物靶点的鉴定

利用 mRNA 展示技术从蛋白质文库中筛选获得药物结合受体或药物相互作用蛋白质对于药物靶点研究具有重要意义。首先,构建人体多器官转录组 DNA 文库,利用 mRNA 展示技术获得 mRNA-蛋白质融合体库,通过与固相化药物分子孵育可分离鉴定出与其特异性结合蛋白质,从而可能成为药物的作用靶点。Michael McPherson 等以免疫抑制药物 FK506 作为固相化靶分子进行药物靶点的筛选,结果分离得到了已知的相互作用蛋白质 FKBP12。该团队首先利用人的肝、肾和骨髓转录本构建了 mRNA-蛋白质融合体库,然后与固相化的生物素-FK506 孵育,经过 3 轮筛选后确定 FKBP12 为 FK506 最主要的结合蛋白质,并分析鉴定出 FKBP12 与 FK506 相互作用区域。因此,mRNA 展示技术应用于药物靶点鉴定,可大大加快药靶研发的速率。

（三）蛋白质-蛋白质相互作用的鉴定

蛋白质-蛋白质相互作用在细胞的生命活动中起着关键作用。相互作用的蛋白质间通过形成复杂的功能性复合体,参与细胞内一系列的信号级联反应,从而调控细胞及个体的生命活动,因此,阐明蛋白质-蛋白质相互作用对于生命现象的揭示具有重要价值。

mRNA 展示技术在鉴定蛋白质-蛋白质相互作用研究方面具有独特优势。将感兴趣的靶蛋白质锚定在固相载体上,同 mRNA 展示的多肽库或蛋白质库共同孵育,通过分离可以获得与靶蛋白相互作用的蛋白质及序列信息。应用 mRNA 展示技术进行蛋白质-蛋白质相互作用鉴定的文库可以是蛋白质结构域库,也可以是生物体或组织 mRNA 衍生的天然蛋白质文库。例如,Hammond 等利用人的肝、肾、骨髓和脑的混合 cDNA 文库构建了 mRNA 展示文库,应用 mRNA 展示技术筛选能够结合抗凋亡蛋白质 Bcl-xL 的相互作用蛋白质,经过 4 轮筛选获得 70 多种不同的蛋白质,其中包含已知的 Bcl-xL 相互作用蛋白质 Bim、Bax 和 Bak。Horisawa 等利用相同的方法从小鼠脑组织蛋白质文库中筛选转录因子 Jun 的相互作用蛋白质,经过 5 轮筛选鉴定出 20 个相互作用蛋白质序列,其中包含 16 种新型相互作用蛋白质候选分子和 4 种已知的相互作用蛋白质分子。通过牵出试验(pull-down 试验)和实时定量 PCR 分析证实,16 种候选分子中 10 种可以同 Jun 直接相互作用(体外),而其中 6 种通过免疫共沉淀和亚细胞定位实验进一步证实存在胞内相互作用。这些研究结果表明,mRNA 展示技术可以用于分析蛋白质-蛋白质相互作用,进而全面绘制蛋白质-蛋白质相互作用图谱。

(四) DNA-蛋白质相互作用的鉴定

除了进行蛋白质-蛋白质相互作用分析之外,mRNA 展示技术还可以进行 DNA-蛋白质相互作用鉴定。DNA 顺式调控元件与转录因子之间的特异性相互作用是转录调控网络的关键组成部分,对 DNA-转录因子交互分析将有助于深入理解组织发育及疾病发生的应答机制。目前,染色质免疫共沉淀分析是发现转录因子 DNA 顺式调控元件最常用的方法,而 mRNA 展示技术则可以开发成为转录因子 DNA 顺式调控元件高通量筛选方法。TPA 反应元件是许多哺乳动物基因如 *SV40*、*IL-2*、*CD44* 和 *TNF-α* 等启动子和增强子序列的共同特征,有研究人员利用小鼠脑 cDNA 文库构建 mRNA 展示文库,将 TPA 反应元件作为诱饵 DNA,通过 mRNA 展示技术筛选 TPA 反应元件相互作用蛋白质,结果发现 c-fos 和 c-jun 可以形成异源二聚体并同 TPA 反应元件以序列特异性的方式相互作用,并且几乎所有的 AP-1 家族蛋白质包括 c-jun、c-fos、junD、junB、atf2 及 b-atf 等在经过 TPA 反应元件固相载体筛选后均得到富集,提示这些蛋白质可能均与 TPA 反应元件存在相互作用。

(五) 分子亲和力成熟

在诊断和治疗性抗体研发过程中,高亲和力和高特异性抗体的筛选是不可或缺的组成部分。在免疫动物体内,抗体亲和力成熟过程是通过重复刺激 B 细胞产生抗原特异性增殖及 DNA 点突变的持续累积实现的。该过程时间长、分离鉴定困难,而如果能够利用实验室方法体外实现抗体进化过程将极大加速抗体药物的研发。Hiroshi Yanagawa 等利用错配 PCR 和 DNA 改组技术对抗荧光素抗体片段 scFv 的基因序列进行随机突变,然后利用 mRNA 展示技术进行筛选,经过 4 轮筛选之后,获得 6 个不同的亲和力成熟突变体序列,其中 5 个存在共有突变。进一步对 scFv 突变体进行动力学分析,结果发现这些突变体解离速率下降了一个数量级以上,解离常数提高了 30 倍,而抗原特异性并没有发生明显变化。经过定点突变分析证明,5 个高亲和力突变体的共有突变主要分布在抗体片段的互补决定区(complementarity determining region,

CDR)。因此,mRNA 展示技术有望通过优化 CDR 获得具有高亲和力的诊断或治疗性抗体,是体外进行抗体进化的重要方法。

(六) de novo 酶的发现与进化

酶相对于化学催化剂而言,更加廉价、环保和高效。传统的酶发现方法多建立在已知催化底物或催化反应机制的基础之上,而 mRNA 展示技术可以利用随机蛋白质库的功能多样性筛选获得 de novo 酶。该方法的关键点在于将反应底物连接到 mRNA-蛋白质融合体上,这种连接可以依靠连接有底物的寡核苷酸引物将 mRNA 逆转录为 cDNA 的过程实现。具有催化活性的蛋白质能够将底物转化为产物,然后分离获得编码活性酶的 cDNA。这些 cDNA 序列信息可以经多轮筛选后鉴定,也可通过 PCR 扩增后直接测序。此外,还可以结合 cDNA 诱变同步进行酶的进化。产物形成是选择酶的唯一要求,因此不需要了解反应机制或蛋白质结构。利用 mRNA 展示技术筛选酶的基本流程见图 7-5。

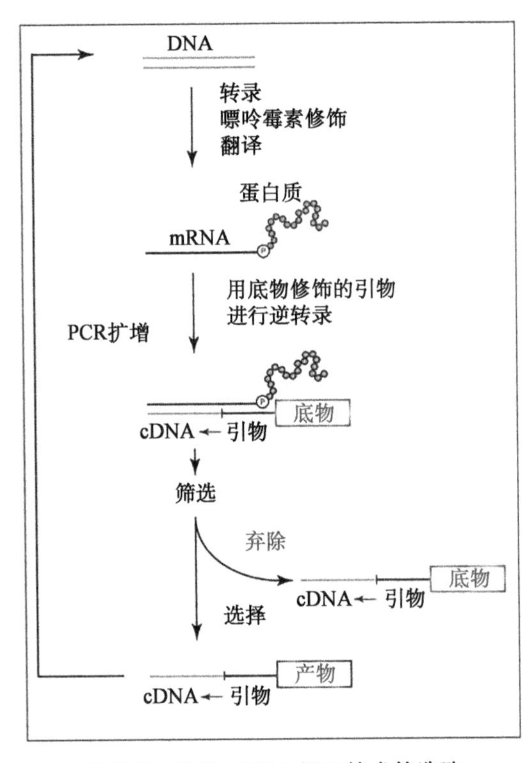

图 7-5 利用 mRNA 展示技术筛选酶

2006 年,Szostak 等从含有两个锌指的非催化蛋白质支架开始,利用 mRNA 展示技术筛选获得一个全人工酶——RNA 连接酶,能够催化 5′三磷酸化的 RNA 链与另一 RNA 的 3′羟基末端连接。该催化活性在天然酶中尚未有文献报道。

(七) 其他

除了以上用途之外,mRNA 展示技术还可以用于合成含非天然氨基酸的多肽等。

四、展望

与其他多种展示技术相比,mRNA 展示技术具有许多优势。

首先,mRNA 展示技术对筛选条件的要求不高,序列回收简单而有效。利用分子展示技术进行相互作用蛋白质筛选往往需要富集特异性作用序列,使非特异性结合最小化。酵母双杂交技术的相互作用主要发生在细胞核内,其筛选条件无法稳定控制;核糖体展示技术的基因型与表型通过脆弱的非共价连接,因此,筛选需要在温和的条件下进行,难以有效控制非特异性结合的干扰;相比之下,mRNA 展示技术的基因型与表型通过共价连接,稳定性好,可以尝试调整包括洗涤剂、螯合剂、pH、温度和离子强度等在内的多种筛选条件,有效地将特异性结合与非特异性结合区别开来。此外,筛选结束后只需要经过 PCR 扩增和测序即可获得多肽或蛋白质序列信息,序列回收简单高效。

其次,mRNA 展示技术库容量更大。体内展示技术需要将 cDNA 库转化到有机体内,受到低转染效率的影响,筛选文库的多样性受到限制。噬菌体展示技术库容量可以达到 10^9 ~ 10^{10},一般情况下只有 10^8;细菌表面展示技术和酵母表面展示技术库容量基本局限在 10^9;而 mRNA 展示技术利用无细胞翻译系统生成多肽序列,是一种完全的体外筛选方法,不受转化效率的限制,库容量可以达到甚至超过 10^{13},其上限主要由遗传物质决定,包括合成的寡核苷酸 DNA 的数量、PCR 获取 cDNA 文库的容量及体外翻译蛋白质的效率等,这是其他方法所无法比拟的。

再次,mRNA 展示技术的蛋白质表达形式较其他多种展示技术更优。在噬菌体展示技术和细胞表面展示技术中,文库中的蛋白质主要以融合体的形式表达在病毒或细胞表面,而核糖体展示技术中,蛋白质主要展示在巨大的核糖体上,这些因素都会对靶蛋白质的相互作用产生不可预测的影响。此外,噬菌体展示多肽或蛋白质需要依赖细菌内部的翻译机制,而酵母细胞表面展示则受到酵母细胞的限制,因此,一些序列在细菌或酵母内的表达会受到影响,部分未折叠的蛋白质极易发生胞内降解。由于蛋白质表达过程中不可避免地折叠、转运、膜插入及络合作用等,体内筛选过程会对某些蛋白质的选择产生偏差,这些问题可能导致功能分子的丢失,或限制某些筛选方法的应用。尽管哺乳动物细胞不存在上述限制,但是其转化效率较低。相比较而言,mRNA 展示技术的主要限制因素来源于翻译效率,排除该因素的影响,蛋白质在无细胞真核翻译系统中表达,能够以更加合理的方式合成蛋白质,这是其他方法所无法比拟的。

mRNA 展示技术可针对性地去除高丰度蛋白质序列对筛选体系的影响。蛋白质筛选平台普遍存在的一个问题是高丰度的特异性或非特异性结合序列会随着筛选的持续产生大量富集。该问题对于天然 cDNA 文库尤其如此,天然 cDNA 文库丰度最高的 mRNA 拷贝数可能是丰度最低的 10^4 倍。对于一些在 cDNA 文库中拷贝数更多并且能够与靶点结合的蛋白质序列,其在接下来的筛选过程中会优先富集,并且干扰其他低丰度序列的结合与分离。为此,通过测序获得高丰度基因序列之后,研究人员可以针对性设计特异性反义寡核苷酸,利用生物素标记偶联到链霉亲和素-琼脂糖珠上,从而有效捕获并去除高峰度序列。

此外,mRNA 展示技术能够与大多数随机突变方法相适应。随机突变是获取具有特定功能突变体的重要途径,大多数随机突变都是通过 PCR 的方法实现的。这些方法包括错配 PCR、DNA 改组、随机插入或删除等。体内展示技术并不能将以上突变方法同筛选直接联合运用,其 PCR 产物需要连接到特定载体并转化到宿主细胞内方可进行筛选,而 mRNA 展示技术在每一轮筛选之后都要通过 PCR 对 cDNA 进行扩增,其 PCR 产物可以直接用于体外转录和翻译,因此,mRNA 展示技术能够与基于 PCR 的突变及重组技术实现高度兼容。

尽管 mRNA 展示技术具有许多优势,但是与其他蛋白质筛选平台一样具有局限性。该方法存在的主要问题有如下几点:①mRNA-蛋白质复合物的形成率和稳定性是影响 mRNA 展示效率的关键因素,因此,对 mRNA 展示技术的改进主要围绕连接子的改造展开,而作为技术关键的连接子需要进行复杂的化学反应来合成。②mRNA 展示技术是不依赖于细胞的体外技术,而在无细胞表达系统制备过程中,内质网等内膜系统结构会遭到严重破坏,蛋白质在翻译之后一般难以正常加工修饰，而蛋白质分子能否正确折叠对无细胞展示效果具有决定性的影响。例如，二硫键的形成需要一个氧化性环境，而转录过程需要加入一定浓度的还原剂，从而抑制了翻译后二硫键桥的形成，但是二硫键桥却在维持大部分蛋白质分子空间结构稳定性方面起着重要的作用。③mRNA 及 mRNA-嘌呤霉素连接产物需要进行纯化才能使用，而 DNA-mRNA-蛋白质复合物在生成中可能出现拓扑异构难题。④与蛋白质共价结合的 mRNA 可能会干扰展示蛋白质的功能或影响展示蛋白质与靶蛋白质的相互作用。在 mRNA 上展示的蛋白质尽管保留了自由蛋白质的结合特异性，但是，当 mRNA 以灵活的单链形式存在且与靶蛋白质产生非特异性结合时，就有可能影响展示蛋白质与靶蛋白质的相互作用。为了克服该问题对筛选的影响，mRNA 通常会转录为 mRNA/DNA 杂交体，这种结构稳定，并且不太可能干扰其他分子的相互作用。⑤mRNA 展示技术不适合展示膜结合蛋白质，因为这类蛋白质在体外翻译系统中难以表达。⑥筛选中使用的靶蛋白质必须高度纯净，没有 RNA 酶和蛋白质酶的污染。RNA 会被核酸酶快速降解，因此 mRNA 展示技术不能用于活细胞表面靶点的筛选。⑦利用 mRNA 展示技术进行基于固相表面的生物筛选过程仍然存在非特异性结合问题，即使用牛血清白蛋白质和 rRNA 进行封闭也依然存在。此外，如果融合分子的 mRNA 部分富含负电荷，靶蛋白质同时带大量正电荷，这样的筛选也会存在诸多问题。

近年来，mRNA 展示技术不断受到国际企业的青睐，许多公司基于该技术创立了自己的药物研发平台，并取得重要研究进展。2017 年，陈彦在美国创办了 Elpis Biopharmaceuticals，这是一家致力于开发多功能免疫疗法的生物制药公司，旨在通过激活免疫系统来克服肿瘤耐药性。Elpis 建立了自有的 mRNA 展示技术平台：mRNADis™ 和 mSCAFold™。mRNADis™ 是库容量为 10^{13} 的全人类抗体文库，利用可溶性蛋白质/活细胞进行筛选，这有利于开发与人类疾病相关的特异性结合抗体，快速发现针对治疗靶点的高特异性、强效的 scFv 和 V_H 域抗体模块。同时，由于该文库的抗体为全人源，有助于开发稳定性高、免疫原性较低的可溶性抗体。mSCAFold™ 是 Elpis 基于靶点及其相互作用要素间结构-功能关系定制的库，可进行表位定向筛选。研究人员利用该平台筛选和鉴定具有重定向药理学特性（如激动剂、拮抗剂）的工程突变体，用于药品开发。

mRNA 展示技术解决了噬菌体展示技术、酵母表面展示技术等体内展示技术面临的诸多困难,为构建多样化的文库提供了可能性,有助于蛋白质体外筛选技术的进一步发展。我们期望 mRNA 展示技术能够在现有的基础上继续改进,使其适用于活细胞表面生物活性受体的筛选,能够展示全长蛋白质,展示特定信号通路的所有蛋白质,从而对蛋白质-蛋白质相互作用网络及调控机制获得更加综合的认识,在药物研发领域发挥更大的作用。

附录　mRNA 展示建库方法

1. PCR 扩增　化学合成编码特定长度多肽的 DNA 库或构建大容量随机 DNA 库。采用 PCR 的方法扩增出编码多肽的全部 DNA 信息,设计特殊引物,在 5′端添加 T7 启动子、翻译增强子和翻译起始密码子序列等,在 3′端引入亲和纯化标签序列,如 His、Flag 等。PCR 体系包括 PCR 缓冲液、4 种 dNTP 混合物(各 200 μmol/L)、引物(各 0.1~1 μmol/L)、模板 DNA(0.1~2 μg)、*Taq* DNA 聚合酶(2.5 U)、Mg^{2+}(1.5 mmol/L)。反应条件:95 ℃预变性 3 min;20~30 个循环(95 ℃变性 1 min, 55 ℃复性 1 min, 68 ℃延伸 1 min);68 ℃, 5 min。PCR 产物经纯化后进行后续操作。

2. 体外转录　应用 T7 RNA 聚合酶,以上述 PCR 扩增后的 DNA 库为模板,体外转录获得 mRNA 库。转录体系包括转录缓冲液、DNA 模板(0.5~2 μg),T7 RNA 聚合酶混合物(含 T7 RNA 聚合酶、RNA 酶抑制剂、酵母无机焦磷酸酶)、4 种 NTP(各 7.5 mmol/L)和 ddH_2O。反应条件:37 ℃孵育 2~4 h。转录完成后加入 DNA 酶去除体系中的 DNA 模板。可用琼脂糖凝胶电泳观察 mRNA 样品的大小,紫外分光光度计测定 mRNA 浓度及纯度。

3. 单链酶连接反应　mRNA 与荧光素-PEG-嘌呤霉素[p(dCp)2-T(Fluor)p-PEGp-(dCp)2-puromycin, FPP]接头连接。反应体系包含 T4 RNA 连接酶缓冲液、T4 RNA 连接酶、FPP 接头(20 μmol/L)、纯化后的 mRNA 和 ddH_2O。反应条件可根据 T4 RNA 连接酶具体反应条件确定。

4. 体外翻译　将上述连接产物加入兔网织红细胞裂解液体外翻译体系(50 μL):兔网织红细胞裂解液 33 μL,去亮氨酸的氨基酸混合液(1 mmol/L) 0.5 μL,去甲硫氨酸的氨基酸混合液(1 mmol/L) 0.5 μL, 40U/μL RNA 酶抑制剂 1 μL,乙酸镁(25 mmol/L)0~4 μL,氯化钾(2.5 mol/L)1.4 μL,二硫苏糖醇(100 mmol/L)0~1 μL, Transcend™ tRNA 1~2 μL, ddH_2O 补足至 50 μL。

翻译反应条件:30 ℃, 90 min。具体实验方法可参照 Promega Flexi® Rabbit Reticulocyte Lysate System。翻译产物与 10 倍体积的结合缓冲液(100 mmol/L Tris-HCl pH 8. 0, 10 mmol/L 乙二酸四乙酸,1 mol/L NaCl,0. 1% Triton X-100)混匀,65 ℃水浴 3~4 min 5 000 r/min 离心 10 min,取上清液,加入少量 Oligo-(dT)纤维素(2~4 mg),室温振摇 1~2 h,离心取沉淀,用稀释后的缓冲液洗涤,加入 50 μL ddH$_2$O 振摇 1 h 释放 mRNA-蛋白质融合体。

5. 逆转录 mRNA-蛋白质融合体与适量下游引物混匀,65 ℃变性 5 min,置于冰上。之后,加入逆转录体系中:cDNA 合成缓冲液,dNTP(各 0. 5 mmol/L),RNA 酶抑制剂,鸟类成髓细胞性白血病病毒(avian myeloblastosis virus,AMV)逆转录酶和 ddH$_2$O。反应条件:37 ℃, 60 min。通过逆转录反应获得 cDNA-mRNA-蛋白质融合体。

6. cDNA-mRNA-蛋白质融合体与靶分子结合 将生物素标记的靶分子固定于链霉亲和素琼脂糖凝胶载体上,然后加入结合缓冲液(如 10 mmol/L Hepes pH7. 5, 0. 5 mmol/L 乙二酸四乙酸,100 mmol/L KCl,1 mmol/L MgCl$_2$,1 mmol/L 二硫苏糖醇,0. 01% NP-40, 50 mg/L 酵母 tRNA),与 mRNA-cDNA-蛋白质融合体库一起孵育 2 h,缓冲液洗涤 5~6 遍,最后加入洗脱液及适量 RNA 酶 A 和蛋白质酶 K,洗脱 1 h,获得第一循环的 DNA 分子。接着,进行 PCR,按上述步骤进入下一循环。

7. PCR 产物的回收和测序 多个筛选循环结束后,利用胶回收试剂盒回收最终的 PCR 扩增产物,克隆到特定载体上,转化宿主菌,取阳性克隆进行测序,确定与靶分子结合的融合蛋白质编码基因,也可直接用 PCR 产物进行测序。

主要参考文献

倪斌. 体外展示技术的研究进展. 江苏教育学院学报,2007,24(2):29-32.
宋阳,柳长柏. 展示技术在细胞膜穿透肽筛选、鉴定中的应用. 国际药学研究杂志,2016,43(1):153-156.
杨磊,张春明,王德芝. 体外展示技术及其在抗体工程中的应用. 现代生物医学进展,2009,9(13):2590-2593.
张万巧,王建,贺福初. mRNA 展示技术. 生物化学与生物物理进展,2006,33(8):795-799.
CUJEC T P, MEDEIROS P F, HAMMOND P, et al. Selection of v-abl tyrosine kinase substrate

sequences from randomized peptide and cellular proteomic libraries using mRNA display. Chem Biol, 2002, 9(2): 253–264.

FUKUDA I, KOJOH K, TABATA N, et al. *In vitro* evolution of single-chain antibodies using mRNA display. Nucleic Acids Res, 2006, 34(19): e127.

GOLYNSKIY M V, HAUGNER J C, MORELLI A, et al. *In vitro* evolution of enzymes. Methods Mol Biol, 2013, 978: 73–92.

HUANG Y, WIEDMANN M M, SUGA H. RNA display methods for the discovery of bioactive macrocycles. Chem Rev, 2019, 119(17): 10360–10391.

JOSEPHSON K, RICARDO A, SZOSTAK J W. mRNA display: from basic principles to macrocycle drug discovery. Drug Discov Today, 2014, 19(4): 388–399.

JU W, VALENCIA C A, PANG H, et al. Proteome-wide identification of family member-specific natural substrate repertoire of caspases. Proc Natl Acad Sci U S A, 2007, 104(36): 14294–14299.

LIPOVSEK D, PLÜCKTHUN A. *In-vitro* protein evolution by ribosome display and mRNA display. J Immunol Methods, 2004, 290(1–2): 51–67.

MCPHERSON M, YANG Y F, HAMMOND P W, et al. Drug receptor identification from multiple tissues using cellular-derived mRNA display libraries. Chem Biol, 2002, 9(6): 691–698.

NEMOTO N, MIYAMOTO-SATO E, HUSIMI Y, et al. *In vitro* virus: bonding of mRNA bearing puromycin at the 3′-terminal end to the C-terminal end of its encoded protein on the ribosome in vitro. FEBS Lett, 1997, 414(2): 405–408.

NEWTON M S, CABEZAS-PERUSSE Y, TONG C L, et al. *In vitro* selection of peptides and proteins-advantages of mRNA display. ACS Synth Biol, 2020, 9(2): 181–190.

ROBERTS R W, SZOSTAK J W. RNA-peptide fusions for the *in vitro* selection of peptides and proteins. Proc Natl Acad Sci U S A, 1997, 94(23): 12297–12302.

SERGEEVA A, KOLONIN M G, MOLLDREM J J, et al. Display technologies: application for the discovery of drug and gene delivery agents. Adv Drug Deliv Rev, 2006, 58(15): 1622–1654.

TAKAHASHI T T, AUSTIN R J, ROBERTS R W. mRNA display: ligand discovery, interaction analysis and beyond. Trends Biochem Sci, 2003, 28(3): 159–165.

TATEYAMA S, HORISAWA K, TAKASHIMA H, et al. Affinity selection of DNA-binding protein complexes using mRNA display. Nucleic Acids Res, 2006, 34(3): e27.

ULLMAN C G, FRIGOTTO L, COOLEY R N. *In vitro* methods for peptide display and their applications. Brief Funct Genomics, 2011, 10(3): 125–134.

VALENCIA C A, COTTEN S W, DONG B, et al. mRNA-display-based selections for proteins with desired functions: a protease-substrate case study. Biotechnol Prog, 2008, 24(3): 561–569.

WANG H, LIU R. Advantages of mRNA display selections over other selection techniques for investigation of protein-protein interactions. Expert Rev Proteomics, 2011, 8(3): 335–346.

DNA 展示技术

一、概述

在核糖体展示技术问世不久,人们就开始探索实现蛋白质分子与其 DNA 模板间特异性连接的可能性。DNA 展示技术是以蛋白质分子与其 DNA 模板间的特异性连接为基础的一种新的非细胞依赖性展示技术。根据 DNA 同新生蛋白质结合方式的不同,DNA 展示技术具有多种方法。1999 年,Doi 等利用链霉亲和素与生物素之间的特异性结合关系,建立了以模板 DNA 作为展示对象的乳剂介导的链霉亲和素-生物素连接技术,称为链霉亲和素-生物素连接(streptavidin-biotin linkage in emulsion, STABLE)技术。之后,Kevin FitzGerald 提出以一种具有顺式活性的蛋白质 P2A 作为连接 DNA 和蛋白质的媒介,保证新生的蛋白质同编码的 DNA 结合。基于这一原理,Odegrip 等于 2004 年利用蛋白质 RepA 的顺式活性建立了顺式展示技术,同样实现了 DNA 和蛋白质的偶联。此外,通过 *Hae* ⅢDNA 甲基转移酶或 SNAP-标签同样可以实现 DNA 和编码多肽之间的共价连接,也是 DNA 展示技术的常用方法。DNA 展示技术中不含 mRNA,大大提高了展示系统的稳定性,方法更为简便,筛选效率更高。

DNA 展示技术的发展历程:

1998 年,Dan S. Tawfik 等为了筛选具有特定催化功能的酶蛋白质,利用 DNA 模板与催化底物之间的连接,借助人工细胞建立了一种以 DNA 作为筛选对象的文库分析技术。

1999 年,Hiroshi Yanagawa 等利用链霉亲和素与生物素之间的特异性亲和关系,建立了以模板 DNA 作为展示对象的乳剂介导的 STABLE 技术。目前,一般将与人工细胞相关的各种展示技术称为体外隔离技术。

2000 年,FitzGreald 提出利用具有自身模板识别功能的反式作用因子介导分子文库基因型与表型特异性连接的构想,并指导其课题组相继建立了以 CIS 系统和共价抗体展示技术为代表的两种新的 DNA 展示技术,统称为顺式展示技术。

2001 年,Kurz 等在 mRNA 展示模板的基础上利用 cDNA 取代翻译模板,建立了 cDNA 展示系统,该系统操作复杂并且未能摆脱对 mRNA 化学稳定性的高度依赖,尚待进一步改进。

2004 年,Odegrip 等利用 RepA 的顺式活性,建立了 CIS 展示系统。该体外展示技术已被英国 Isogenica 公司作为核心技术用于无细胞人工突变等方面的研究。

2005 年,Reiersen 等利用 P2 噬菌体复制起始蛋白质 P2A 的共价顺式活性构建了新的共价抗体展示系统。

2007 年,Florian Hollfelder 等利用 SNAP-标签(O^6-烷基鸟嘌呤-DNA 烷基转移酶,AGT)同 AGT 底物类似物 BG(O^6-苄基鸟嘌呤)的共价结合实现了连接 DNA 模板和编码蛋白质的目的。

二、原理

(一) STABLE 技术

STABLE 技术是利用链霉亲和素与生物素之间的特异性结合将 DNA 与蛋白质进行偶联。其原理是将链霉亲和素的编码基因连接到 DNA 5′端,插入 T7 启动子,引入限制性内切酶位点,PCR 扩增后,将生物素连接到 3′端。在体外非细胞依赖体系中转录和翻译,通过生物素和链霉亲和素的特异性结合将蛋白质和 DNA 模板结合在一起。该系统的转录和翻译是在乳剂介导的人工细胞中进行,能够使模板 DNA 很好地分散,从而保证翻译出的新生肽能够同编码该蛋白质的模板 DNA 结合。经过亲和筛选,PCR 扩增后就可进入下一轮筛选。

目前,一般将与人工细胞相关的各种展示技术称为体外隔离(*in vitro* compartment, IVC)技术。展示模板在人工细胞中表达,理想状态下,每个人工细胞仅含有一条 DNA 模板,因此,融合蛋白质可以利用链霉亲和素与生物素之间的亲和关系实现其与 DNA 模板之间的特异性连接。而 IVC 容量较低,且对人工细胞要求严格,每一轮筛选都需要重建人工细胞体系,因此,操作难度

大,常规应用困难。DNA 展示技术中是以水油乳浊液形成的小室来代替核糖体的作用。每毫升乳浊液一般能形成 $10^9 \sim 10^{10}$ 个小室,每个小室期望包含有一个单一基因,从而使每一个基因能与其编码产物特异性结合,利用 STABLE 技术展示目的蛋白的原理见图 8-1。

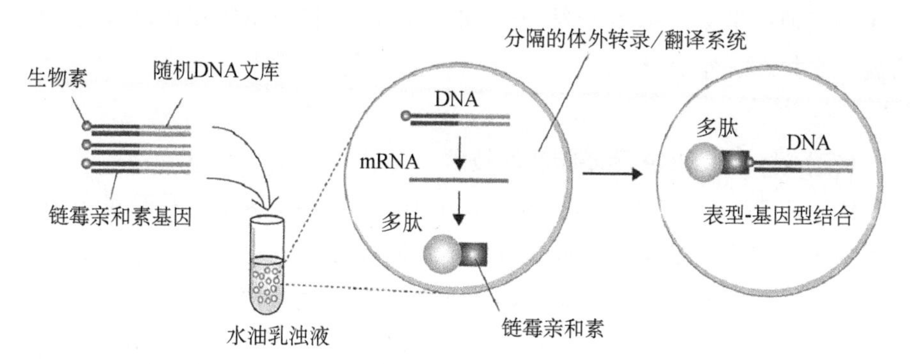

图 8-1　利用 STABLE 技术展示目的蛋白(Julian et al., 2004)

(二) 顺式展示技术

P2A 蛋白质是一种噬菌体复制起始蛋白质,具有核酸酶活性,能够特异地结合到复制起始位点,启动 DNA 的复制。P2A 的另一个特点是在翻译时能够特异结合编码自身 DNA 序列,此即为 P2A 的顺式活性,P2A 的顺式活性能够保证新生的蛋白质同编码的 DNA 结合。基于这一原理,Odegrip 等利用另一种有顺式活性的蛋白质 RepA 建立了 P2A 顺式展示技术(图 8-2)。在 RepA

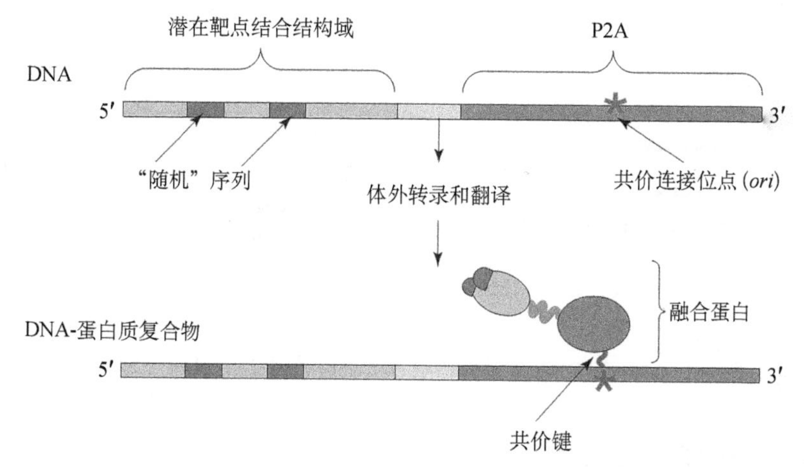

图 8-2　P2A 顺式展示技术示意图(Kevin FitzGerald., 2000)

和共价连接位点(*ori*)之间有一个被称为"CIS"的顺式作用元件,该元件具有Rho依赖的转录终止子活性,在转录过程中引起RNA聚合酶在DNA模板上的停顿,新生的RepA则一过性结合到CIS区,并在CIS引导下与自身模板DNA的ori区特异性结合,从而实现基因型与表现型之间的特异性连接。RepA同P2A的区别在于P2A是共价结合到DNA分子上,而RepA与DNA分子的结合属于非共价结合。

(三) Hae Ⅲ DNA甲基转移酶技术

Hae Ⅲ DNA甲基转移酶技术是利用Hae Ⅲ DNA甲基转移酶可与DNA末端的5-氟脱氧胞苷碱基形成共价结合的原理实现DNA和编码多肽之间的共价连接。将嗜血杆菌Hae Ⅲ DNA甲基转移酶结构域与表达多肽融合表达,该酶能够与包含5′-GGFC-3′(F=5-氟-2′-脱氧胞苷)序列的DNA片段形成共价键,具体Hae Ⅲ DNA甲基转移酶技术原理见图8-3。

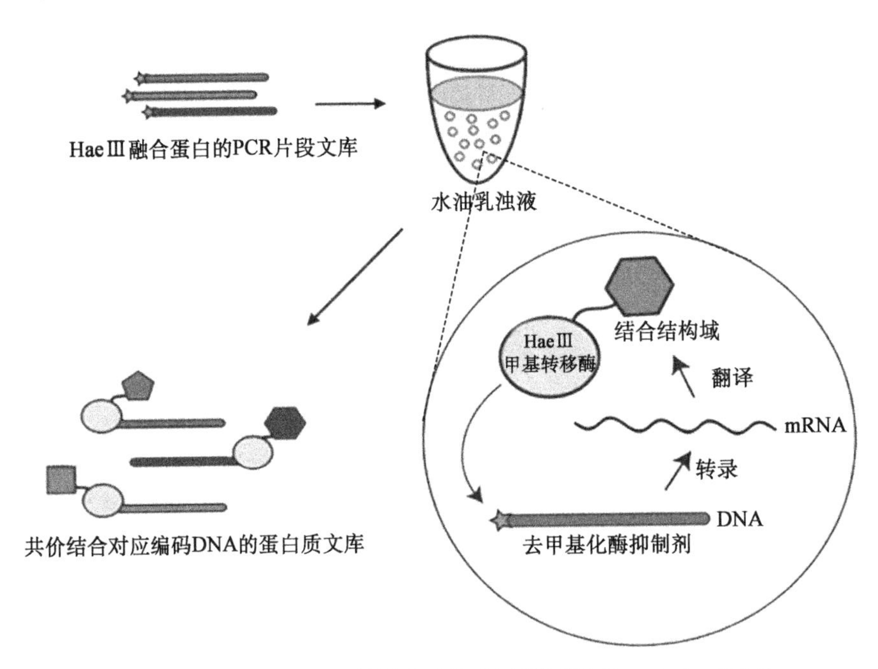

图8-3 Hae Ⅲ DNA甲基转移酶技术示意图(Julian et al., 2004)

(四) SNAP-标签技术

SNAP-标签技术是利用SNAP-标签(O^6-烷基鸟嘌呤-DNA烷基转移酶,

AGT）实现连接 DNA 模板和编码蛋白质的目的。利用 AGT 底物类似物 BG（O^6-苄基鸟嘌呤）衍生的引物，通过 PCR 方法扩增包含 AGT 突变体和蛋白质的融合体编码 DNA。BG 修饰的 DNA 作为模板在体外油包水乳液滴中进行转录和翻译反应。在这些隔间中，表达的 AGT 融合蛋白质与 BG 标记的编码基因产生共价硫醚键，利用 SNAP-标签技术展示目的蛋白的原理见图 8-4。

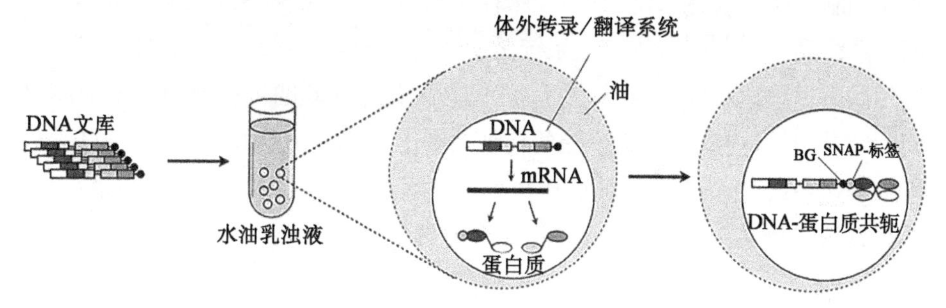

图 8-4　利用 SNAP-标签技术展示目的蛋白（Masanao et al.，2016）

（五）DNA 展示技术筛选配体的基本步骤

1. 构建 DNA 模板库　根据 DNA 展示技术的不同方法及原理，构建 DNA 模板库。如构建基于 STABLE 技术的模板库，可设计特定引物，通过 PCR 的方法在 5′端添加启动子、翻译增强子、翻译起始密码子等序列，在 3′端添加生物素标签，链霉亲和素编码基因插入 DNA 文库上游，构建 DNA 展示文库。如构建基于顺式展示技术的模板库，可同样设计特定引物，通过 PCR 的方法在 5′端添加启动子、翻译增强子、翻译起始密码子等序列，将 *RepA* 等引导肽基因插入文库基因的特定位置，同时引入引导肽特异性结合标记，构建 DNA 展示文库。

文库基因与引导肽基因之间的相对位置和距离是影响展示效果的重要因素，因此，展示文库构建过程中需要对上述因素进行综合考虑。文库基因与引导肽基因间的相对位置主要取决于引导肽与基因模板的作用方式，在 IVC 技术中，一般将引导肽基因置于文库基因上游，以便蛋白质产物及时与模板结合；而在 CIS 展示模板中，引导肽基因则应置于文库基因的下游，否则引导肽的顺式活性将受到极大的影响。另外，在文库肽与引导肽之间一般还需要设置一段 5~10 个由侧链较为简单的氨基酸残基构成的间隔区，以便两者生物活性的发挥。

2. DNA 转录和翻译　一般而言，体外转录和翻译均在乳剂介导的人工细胞中进行(除顺式展示技术外)。利用聚合酶将DNA转录成mRNA,然后在非细胞依赖性翻译体系中进行翻译。在人工细胞中,生物素与翻译完成的链霉亲和素结合,实现了DNA与编码蛋白质或多肽的偶联。偶联之后,裂解人工细胞,释放DNA-蛋白质复合物。

目前,人们已经陆续开发了基于微生物细胞、动物细胞和植物细胞的三大类非细胞依赖性表达系统,其中大肠杆菌S30系统、兔网织红细胞裂解体液外翻译系统和麦胚芽裂解物表达系统是比较成熟的表达系统。大肠杆菌S30系统的制备过程比较简单,在一定程度上能够支持肽键的折叠及蛋白质亚基之间的结合,是目前应用较为广泛的一种无细胞表达系统。相比之下,麦胚芽裂解物表达系统的表达活性则明显高于兔网织红细胞裂解液体外翻译系统,更适合真核生物基因的表达,是目前较为理想的一种真核生物基因无细胞表达系统。

在非细胞依赖性表达系统的制备过程中,内质网等内膜系统结构遭到严重破坏,蛋白质在翻译之后一般难以正常加工修饰,而蛋白质分子能否正确折叠对于无细胞展示效果具有决定性的影响,其中保守的二硫键是大部分蛋白质分子维持空间结构稳定性的重要因素。二硫键桥的形成需要一个氧化性环境,而转录过程需要加入一定浓度的还原剂,从而抑制了翻译后二硫键桥的形成。目前,人们一般通过构建氧化性翻译系统以维持蛋白质正常高级结构,如采用转录与翻译分离或者在转录后清除还原性分子的方法维持翻译系统的氧化性环境,从而在一定程度上可保证二硫键桥的正常形态。另外,研究还发现,在系统中加入二硫键异构酶等相关酶系或分子伴侣有益于正常抗体结构的形成。

3. *生物亲和力筛选* 采用ELISA、磁珠法等,将目标靶点固定于固相载体上,筛选出可特异性结合目标靶点的DNA-蛋白质融合体,并将无法结合的DNA-蛋白质融合体分离。

亲和筛选是分子文库展示技术的关键步骤,随着展示技术的不断发展,筛选技术也在不断更新,其中包括以靶分子附着于免疫板、免疫管等固相支持物表面形成的固相筛选技术,以及靶分子固定于磁珠、聚苯乙烯微球等悬浮支持物表面形成的液相筛选技术。近年来,悬浮分析技术在筛选过程中的应用使液相筛选技术迈上了一个新的台阶。只要筛选对象能够耐受高剪切力的分拣条件,均可借助相应的靶分子上的分拣标记,采用FCM技术进行高速分拣,从

而提高亲和筛选的效率和速度。值得注意的是，在上述各种筛选方式中，固相支持物或各种标签与靶分子之间的结合势必会影响靶分子高级结构的变化，从而引起筛选产物对天然靶分子反应性的下降。

从筛选模式上，筛选技术逐渐从通常的展示文库与特定靶分子间的“库对点”形式的单模筛选方式发展到展示文库与细胞、组织切片或者抗原库间“库对库”形式的双模筛选方式，使高通量的文库筛选工作成为可能。

4. 扩增、富集　最后，将筛选获得的 DNA-蛋白质融合分子作为下一轮筛选的 DNA 模板，依上述步骤进行 4~10 轮筛选后，可富集高亲和力结合靶点的多肽序列（图 8-5）。

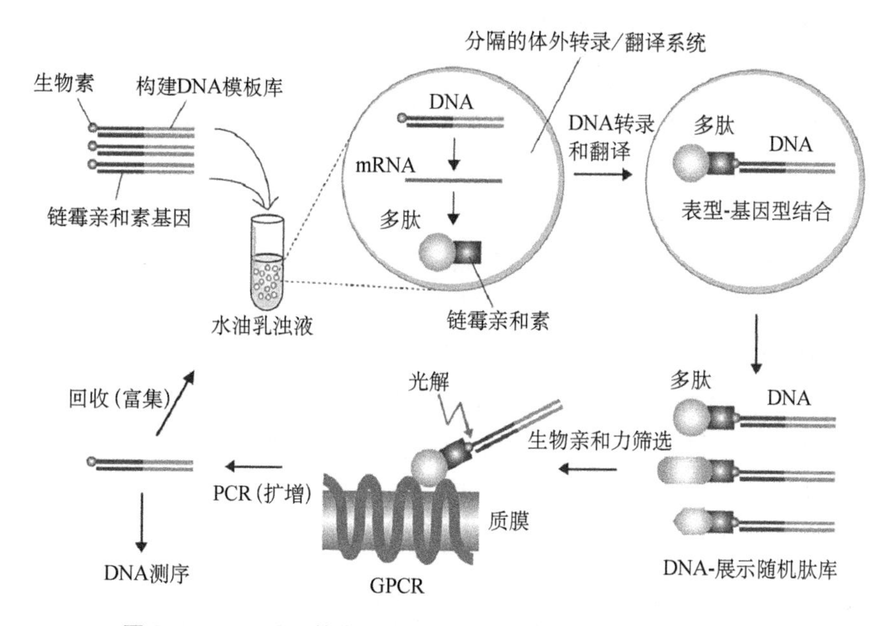

图 8-5　DNA 展示技术配体筛选示意图（Nobuhide et al.，2012）

三、应用

同 mRNA 展示技术一样，DNA 展示技术是一种完全意义上的体外筛选技术，能够从肽库中筛选鉴定出特定性质的多肽序列。与 mRNA 展示技术相比，DNA 展示技术具有许多优势，但是，迄今，其研究相对较少。下面就 DNA 展示技术的应用情况进行总结。

（一）多肽配体的筛选

2003 年，Yonezawa 等利用麦胚芽裂解物表达系统构建了基于 DNA 展示技术的随机肽库，经过筛选获得 21 个不同 anti-Flag M2 单抗的肽配基。相比噬菌体展示系统，DNA 展示技术筛选获得的含保守模体——DYKXXD 的肽配基具有更丰富的多样性，结合和回收率高于最初的 FLAG 多肽，在进行 FLAG 标签蛋白纯化方面更优。G 蛋白偶联受体是跨膜蛋白家族成员之一，广泛参与信号转导过程，是一类重要的药物靶点。利用 DNA 展示技术进行相关配体多肽的筛选对于药物研究具有重要意义。2012 年，Hiroshi Yanagawa 等将 AngⅡ 1 型受体表达在 CHO-K1 细胞表面作为诱饵，利用 DNA 展示技术进行多肽配体的筛选，经过 4 轮筛选之后，发现 AngⅡ富集水平最高，此外，还从随机肽库中富集到一些不同的 AngⅡ样多肽。该研究证实，体外 DNA 展示技术能够克服现有展示技术的诸多限制，为受体相关蛋白配体的筛选提供较好的解决方案。

（二）分子进化与生物亲和力成熟

同 mRNA 展示技术类似，DNA 展示技术同样可以优化分子的结合亲和性。2015 年，Florian Hollfelde 等利用基于 SNAP 标签的 DNA 展示技术，对 HER2 胞外结构域结合蛋白——锚蛋白重复蛋白（DARPin）进行亲和力成熟筛选。通过错配 PCR 的方法对 *DARPin* 编码基因进行随机突变，经过 4 轮筛选后，分离出体外特异性结合 HER2 的蛋白质，其解离常数低至亚纳摩尔水平。

体外展示技术是获得单抗的重要工具，其中，DNA 展示技术可用于抗体分子的进化及亲和力成熟。2019 年，Hiroshi Yanagawa 等对 DNA 展示技术进行改良，使具备多重开放阅读框的 DNA 编码基因能够与异二聚体 Fab 片段连接，应用该文库可进行抗体 Fab 段亲和筛选。双特异性抗体具有两个不同抗原结合位点，其抗体片段的活性和稳定性可以通过体外进化得到提高。2016 年，Nobuhide Doi 等在异二聚体双体抗体的 VH-VL 界面引入半胱氨酸，然后成功利用共价双顺反子 DNA 展示技术对异二聚体双体抗体进行体外筛选和富集，证明 DNA 展示技术在提高双特异性抗体片段的稳定性和亲和力方面具有应用前景。

（三）抗体分子筛选

利用 DNA 展示技术进行抗体分子筛选，可加快病毒性疾病的药物治疗。2008 年，E C Tozer 等利用 DNA 展示技术完成了针对 SARS-CoV 的抗体筛选过程，极大缩短了中和性抗体的鉴别周期。该研究首先将 SARS-CoV 接种于小鼠，之后取脾细胞获取抗体 DNA 序列，构建抗体 DNA 展示文库，利用固相化的抗原对文库进行筛选，最终获得 SARS 中和抗体。根据该抗体序列进行人源化改造，可以在较短时间内获得高亲和力抗体，该策略可以针对任何已知病因的病原体或毒素进行药物发现和改进。

四、展望

DNA 展示技术是一种体外展示及筛选方法，其主要优势与 mRNA 展示技术类似，如完全不依赖细胞，克服了体内展示技术受转化效率、差异表达、跨膜分泌及蛋白质酶降解等因素的限制，减少了因表达差异而产生的偏差，因此，多样性极大提高，库容量更大；筛选过程较为简单，亲和筛选之后经 PCR 扩增即可进入下一个循环，极大缩短实验周期；能够与以 PCR 为基础的基因突变相结合，更容易实现蛋白质或抗体分子的进化。DNA 的化学稳定性高于 RNA，因而能在更剧烈的条件下筛选多肽，如筛选位于细胞膜或整个细胞中的受体配基。此外，DNA 展示技术的稳定性更有益于高亲和抗体的筛选和优化。

附录　DNA 展示技术实验方法

以 STABLE 技术和 *RepA* 为代表的 CIS 展示技术为例，介绍 DNA 展示技术进行配体筛选的实验步骤及方法。

（一）展示文库的构建

1. STABLE 展示文库的构建　化学合成编码特定长度多肽的 DNA 库。采用 PCR 的方法扩增编码多肽的全部 DNA 信息，设计特殊引物，在多肽编码 DNA 的上游 5′端依次添加 T7 RNA 启动子、T7 标签和链霉亲和素编码基因；3′端添加生物素 Biotin 标记。PCR 体系包括 PCR 缓冲液、4 种 dNTP 混合物（各 250 μmol/L）、引物（各 12.5 pmol）、模板 DNA（0.1~2 μg）、*Taq* DNA 聚合酶(2.5 U)。反应条件:94 ℃预变性2 min;(94 ℃变性15 s, 60 ℃复性30 s, 72 ℃延伸1~3 min)20~30个循环;72 ℃, 5 min。模板DNA转录翻译所需必要元件及链霉亲和素编码基因和生物素标记均可以通过PCR扩增和常规载体构建实现整合,其中引物设计至关重要。

2. CIS展示文库的构建 化学合成编码特定长度多肽的DNA库。采用PCR的方法扩增编码多肽的全部DNA信息,设计特殊引物,在其上游5′端添加启动子(如*tac*启动子),在其下游插入*RepA*编码基因、CIS元件及*ori*序列。PCR方法与STABLE技术基本相同。

（二）体外转录和翻译

1. STABLE展示文库体外转录和翻译

(1) 转录和翻译体系的配置:线性DNA模板用大肠杆菌S30系统进行转录和翻译,50 μL反应体系中添加100 U T7 RNA聚合酶,鲑鱼精DNA(10 nmol/L), 1 nmol/L DNA模板,40 U RNA酶抑制剂,5%的脱氧胆酸钠,配制过程在冰上进行。

(2) 油乳剂介导的人工细胞的制备:矿物油中加入4.5%(体积比)的司盘-80,然后加入0.5%(体积比)的吐温-80制备油相。将配制好的转录和翻译反应系统(50 μL)缓慢加入950 μL冰上预冷的油相中(分5等份加入,时间大于2 min),同时使用磁棒进行搅拌,搅拌速度为1 150 r/min,反应体系滴加完成后继续在冰上搅拌1 min(搅拌设置会极大影响液滴的大小)。混合物在25 ℃孵育1 h,完成转录和翻译过程。

(3)收集DNA-蛋白质融合体:翻译完成后,乳液13 000×*g*离心5 min,去除油相,将浓缩的乳液留在底部。加入0.2 mL淬火缓冲液(10 mmol/L Tris-HCl pH 8.0, 1 mol/L NaCl, 10 mmol/L 2-巯基乙醇,10 mmol/L咪唑,1 μmol/L *D*-生物素,25 μg/mL酵母RNA, 1 mmol/L乙二胺四乙酸,pH7.4)和2 mL水饱和乙醚,涡旋混匀,离心,去除乙醚相,水相用乙醚洗涤并回收,在真空浓缩仪中25 ℃干燥5 min,以去除残留的乙醚,最终获得DNA-蛋白质融合体。

2. CIS展示文库体外转录和翻译 体外采用大肠杆菌S30系统进行转录和翻译,反应条件为30 ℃、30 min,反应结束后用封闭缓冲液(含2%~4% Marvel, 0.1 mg/mL鲱鱼精DNA, 2.5 mg/mL肝素的PBS溶液)稀释10倍。一般而言,50 μL的S30反应系统中加入2~4 μg的线性DNA。首轮筛选,将

20 μg 模板 DNA 加入 250 μL 的 S30 反应系统中，后续筛选，将 5 μg 模板 DNA 加入 100 μL S30 反应系统中。体外转录和翻译完成后，RepA 蛋白质结合到邻近的 *ori* 序列，实现表型和基因型的连接。

（三）生物亲和力筛选

将靶分子固定在琼脂糖珠、磁珠或培养平板表面，用 PBS 洗涤两遍，加入封闭液室温封闭 1 h，再用 PBS 洗涤两遍。将稀释的转录翻译反应产物同靶分子室温孵育 1 h，然后用含 1%吐温-20 的 PBS 溶液洗涤 6~12 遍，PBS 溶液洗涤 6~12 遍。DNA 用 500 μL PB 溶液洗脱，然后用 PCR 纯化试剂盒进行纯化，经 PCR 扩增出编码多肽的序列，然后依上述步骤进行下一轮筛选。

主要参考文献

倪斌. 体外展示技术的研究进展. 江苏教育学院学报，2007，24(2)：29-32.

杨磊，张春明，王德芝. 体外展示技术及其在抗体工程中的应用. 现代生物医学进展，2009，9(13)：2590-2593.

张永钢，李振莉. DNA 展示技术的原理及应用. 国际生物制品学杂志，2006，29(3)：126-129.

FITZGERALD K. *In vitro* display technologies — new tools for drug discovery. Drug Discov Today，2000，5(6)：253-258.

HOULIHAN G，GATTI-LAFRANCONI P，LOWE D，et al. Directed evolution of anti-HER2 DARPins by SNAP display reveals stability/function trade-offs in the selection process. Protein Eng Des Sel，2015，28(9)：269-279.

JULIAN B，DARIO N. Covalent DNA display as a novel tool for directed evolution of proteins *in vitro*. Protein Eng Des Sel，2004，17(9)：699-707.

MASATO Y，NOBUHIDE D，TORU H，et al. DNA display of biologically active proteins for *in vitro* protein selection. J Biochem，2004，135(3)：285-288.

MASATO Y，NOBUHIDE D，YUKO K，et al. DNA display for *in vitro* selection of diverse peptide libraries. Nucleic Acids Res，2003，31(19)：e118.

NAKAYAMA M，KOMIYA S，FUJIWARA K，et al. *In vitro* selection of bispecific diabody fragments using covalent bicistronic DNA display. Biochem Biophys Res Commun，2016，478(2)：606-611.

NOBUHIDE D，NATSUKO Y，HIDEAKI M，et al. DNA display selection of peptide ligands for a full-length human G protein-coupled receptor on CHO-K1 cells. PLoS One，2012，7(1)：e30084.

ROGERS J，SCHOEPP R J，SCHRÖDER O，et al. Rapid discovery and optimization of therapeutic antibodies against emerging infectious diseases. Protein Eng Des Sel, 2008, 21(8): 495-505.

SERGEEVA A, KOLONIN M G, MOLLDREM J J, et al. Display technologies: application for the discovery of drug and gene delivery agents. Adv Drug Deliv Rev, 2006, 58(15): 1622-1654.

TAKESHI S, NOBUHIDE D, HIROSHI Y. Bicistronic DNA display for *in vitro* selection of Fab fragments. Nucleic Acids Res, 2009, 37(22): e147.